職場平步青雲術！

明治大學教授 溝通術暢銷作家 齋藤孝 著

『古代實戰經驗 ✕ 現代職場』

楓葉社

文庫版引言——戰略性思考的必要性

◆這是一個人人都必須重新審視生活方式的時代

本書初次發行剛好是十年前。有人說每十年就是一個新階段，而我也深切感受到這個變化。就像十年前，誰會想到日本的核心電視台會裁員呢？

雖然網路上常出現「年輕人愈來愈少看電視」的標題，但當時電視台的員工仍領著高薪，在學生的夢幻公司排行榜中名列前茅。然而現在的電視台，無論是節目製作費還是薪水，都不斷面臨縮減。這種現象不僅限於電視台，出版業也苦於印刷量銳減的現狀。連過去曾是穩定、高薪代名詞的銀行，也被迫祭出超低利率對策，經營狀況十分嚴峻。

取而代之的，GAFAM（Google、Apple、Facebook（現為meta）、Amazon、Microsoft）科技巨頭的存在感則日益增加，並深植在我們的日常生活中。在未來的十年，想必又會發生劇烈的變動吧！

尤其在受到新冠肺炎肆虐的現在，無論生活或工作方式，都必須重新審視。其中也不乏被迫停業、失業或轉職的人。疫情過後的世界會如何變化，實在難以預測。

不可否認的，我們確實身處於一個相當不穩定的時代。乍看之下也許風平浪靜，但實際上沒有人能置身事外、不受影響。因此本書的意義或許更甚於十年之前。

中國的古籍《孫子兵法》中，講述在戰爭時所使用的兵法。**為了獲勝，該如何冷靜地洞悉狀況，並進行戰略性思考**，旨在追根究底、找到解方。書中戰術十分合乎常理，並易於實踐，與一般的理論書籍大不相同，可以作為現代的商業書籍閱讀。

◆「只剩這個辦法」的想法十分危險

最近，我們常聽到年輕人把「只剩這條路了」這種說法掛在嘴邊。像是「只剩這個選擇了」、「只能放棄了」，或是社群網路上常出現的「這才是正義」的極端言論也是其中一種。

這些說法也許給人一種下定決心全力以赴、無所畏懼的感覺；但從另一個角度來看，這也可能是武斷、天真、眼界狹窄，甚至是未經思考的象徵。這種現象或許是經濟停滯、社會環境所帶來的影響，而這種想法只會讓狀況更加惡化。

戰略性思考的價值，就在於能讓我們更靈活地思考「是否真的只剩一條路可走」或「是否真的別無他法」。

我以前的學生在一間學校擔任兼課老師，每週負責上二十小時以上的課。然而在兼課第五年時，被告知由於疫情關係，課堂被減少至「零小時」，也就是不續聘的意思。

我的學生很沮喪地找我商量，認為自己只能去別的學校教課，或是找新的工作。但我勸他再想想辦法，並陪他一起思考解方。結果發現過去曾有不續聘決議被撤銷的案例。因此他寄了一封信告知校長事情原委，並與教職員工會商量。而最終他也得以回到原本的工作崗位。

雖然事情不一定總是順利，但只要握有所需的知識與資訊、擬定策略，並迅速、精準、小心地應對，就有機會找到別條路。如此一來，即使這次還是不順利，但只要累積經驗，必定能養成戰略性思考的習慣。無論如何，至少能跳脫「只剩這個辦法」的武斷想法。

這世界並不是非黑即白，其實仍夾雜著灰色空間。即使表面上有許多既定規則，但在經過談判、交涉後，常會出現轉圜餘地。若掌握這之間的奧妙，必定會讓你產生鬥志。而屆時，本書勢必會成為你強而有力的武器。

◆不戰而勝的CP值

關於《孫子兵法》的閱讀方式，就留到正文再談。我想先在這裡舉出現今我們務必學習的三件事。

第一，不戰而屈人之兵，善之善者也。只要發生戰鬥，即便獲勝仍免不了犧牲。該如何在發生戰鬥前就先取得勝算，就考驗戰略性思考的能力了。

與現代的想法對照來看，這個戰術所重視的便是所謂的「CP值」（性價比）。重視CP值意味著注重得失，盡可能減少浪費、提高產值，因此絕非一件壞事。

然而，當凡事以CP值為前提，公司內的交流勢必遭到捨去。舉凡閒聊及公司內部的聚餐等等，都將被劃分至浪費的範疇中。若只專注在自己的份內工作並早早下班，想必能讓個人生活過得更加充實。

但這麼做未必能提升工作表現。因為我們往往能在閒聊時，獲取工作上所需的資訊或靈感。若擁有交心的同事，則能在緊要關頭時，互相商量、幫忙。

而與上司之間更必須打好關係。過於一板一眼的關係，有時會讓工作難以推進。若演變成對立關係，身處弱勢的下屬將更容易受到影響。相反的，若平時對上司採取順從的姿態，在關鍵時刻，意見也較容易受到採納。因此，保持良好關係也是一種戰略性思考，更是不戰而勝的一種體現。

雖說追求CP值很好，但可千萬別短視近利。擁有愈宏觀的視野、做愈多的準備，才能實際提升CP值。而《孫子兵法》之中，也多次強調這個想法。

常被拿來與不戰而勝相提並論的，是「勢」這個概念。以現在的話來解釋，就是團隊士氣。《孫子兵法》重視理性主義，但其中也包含了如何管理士氣這種較為籠統的情感概念。只要平時多多提升團隊合作能力，就能在關鍵時刻一氣呵成地進攻；或是展現己方氣勢，打消敵方戰鬥的念頭。這可說是《孫子兵法》中，足以比擬「風林火山」的基本戰術，在商場上也能作為借鏡。

◆只要掌握資訊，便能百戰不殆

第二，則是堪稱《孫子兵法》代表的「知彼知己，百戰不殆」。這句話說明了資訊的重要性。現今身處於資訊時代，資訊的價值與日俱增。若想「知彼」，只要上網一查，便能獲得大部分的資訊。

此時就考驗搜尋者的素養了。過去網路上的資訊總是真假參半，但現在只要認真搜尋，多半能過濾出真正所需的資訊。只要具備一定的基礎知識、懂得辨識資訊來源的可信度，並不厭其煩地查證，就能大幅降低遭假新聞所騙的風險。

然而，也許是因為資訊量過大，我們實際上在搜尋時，常常發生搜尋方式太過廣泛或不夠精準的狀況。此時，資訊素養的優劣往往就會左右成功與否。因此，我們更應明白「知彼」的重要性。

尤其在未來，ＡＩ（人工智慧）與數據科學勢必被廣泛運用在社會上。無論你是否樂意或是否擅長，我們都必須學會活用ＡＩ，讓ＡＩ幫我們的大腦分擔工作。

ＡＩ除了擁有人類無法匹敵的資訊處理能力，還能匯集人類龐大的經驗值。由此可知，光靠一個人將難以與ＡＩ抗衡，但我們仍能將ＡＩ當作最佳夥伴。因為如此一來，我們便能瞭解古今中外的所有對手；當面臨各種挑戰時，也將更加勝券在握。

◆跨出第一步的勇氣

第三，就是戰略性思考需要勇氣。既然是兵法，表示這些行動伴隨著危險。達到戰略性思考的前提在於必須先戰勝恐懼，這點也可以套用在如今被迫重新審視生活與工作方式的我們身上。

在此我想舉在將棋界十分活躍的藤井聰太先生為例，供大家參考。

他的棋藝之所以能如此精湛，其中一個廣為人知的原因，便是他平時會研究

ＡＩ。將棋界在很早期的階段就開始運用ＡＩ，許多職業棋士早已將ＡＩ導入研究之中。而在官方比賽中，ＡＩ也開始擔任判斷局勢走向的角色。ＡＩ能透過學習大量的歷史棋譜，算出面對各個局面時該走什麼棋路。

但前陣子，我從一位職業棋士口中聽說了一件非常有趣的事。藤井先生的棋局，有時會遭ＡＩ打出很低的評分。但這並非代表藤井先生下得不好，而是他預測了ＡＩ的最佳棋路，卻故意反其道而行，開拓新的棋路。由於是未曾出現在歷史資料中的棋路，因此ＡＩ才會給出低分。

換句話說，藤井先生所選擇的棋路，是歷史悠久又富有傳統的將棋史上，所有知名棋士們都從未想過的路。當然，這不代表能獲勝，但這無非是一個巨大的挑戰，也需要相當的勇氣。而無論成功與否，就藤井先生讓ＡＩ習得嶄新棋譜這點而言，對將棋界來說就是一個莫大的貢獻，亦可說是戰略性思考的極致表現。

《孫子兵法》中有「兵者，詭道也」（欺騙對手也是戰術之一）這麼一句話。雖然聽起來欠缺公平競爭的精神，但若總使出對手意料之中的招式，勝算自然不高。重點是在深知風險的情況下，仍不斷使出對手意料之外的招式。也就是說**思考能力加上勇氣，除了能使人茁壯，亦是通往勝利的捷徑**。

我們也許不如藤井先生才華洋溢，但我們仍應向他學習，對所謂的慣例與常識抱持懷疑的態度，並勇於跨出新的一步。然而，光有愚勇還是沒有意義。我們應該時常挑戰、累積經驗、培養自信，然後繼續挑戰。反覆嘗試後，必能培養出身體力行的勇氣。順帶一提，藤井先生的座右銘正是「對常識抱持懷疑」。

為了能讓讀者獲得一些線索，並且鼓勵所有想跨出那一步的人，本書摘錄了《孫子兵法》中的精華片段。只要大家能從「只剩這個辦法」的想法，轉換到「方法數之不盡」，並得到無論時代、環境怎麼變化都能坦然面對的勇氣，便達到本書目的了。

前言——這是一本「每天都面臨戰鬥的人」必讀的書

◆致力於獲勝的世界最老兵書

我想在此重新下一個定義，那就是工作就是一種戰鬥。既然是一場戰鬥，就必須獲勝才有意義，所以我們至少必須學會不敗之術。

這種說法也許會讓一些人聯想到殺戮，但其實並非如此。大部分的運動都是一種競賽，正因如此才有趣，能讓人忍受平時各種嚴格的訓練。所以若抱著輸贏不重要、只要享受其中就好的態度，反而會感到疲憊。因為我們會因此失去動力、注意力散漫，並在不重要的地方耗費心神。

工作亦是如此。只要看看各領域的專業人士就會明白了。正因為他們把成功當作首要目標，所以他們不會迷失，也不會受困於人際關係的泥淖之中。也就是說，當你下定決心要成為一名專業人士，工作起來也會更加順利。

而專業人士真正重視的，是為了獲取勝利（得到成果），該採取什麼戰略。每個人的見解與經驗不同，想必都有一套自己的祕訣。但若回顧歷史、追本溯源，所有方法都能指向同一本文獻，那就是《孫子兵法》。

這本於二千五百年前春秋時代寫下的經典古籍，是世界最古老的兵書。而這本兵書的作者，正是擔任吳國將軍的孫武。因此，《孫子兵法》的內容絕非紙上談兵，而是由實戰經驗撰寫出的著作。

歷史更是證實了這本書的實力。例如：吳國曾與當時十分強盛的楚國五戰五勝，還迅速攻克首都郢，使楚王逃亡國外。能獲取勝利，並不是因為吳國的軍隊特別強大，而是因為他們為戰爭模式帶來了革命性的改變。

在此之前的戰爭十分仰賴野性及直覺。會透過巫術祈求勝利、倚重特定人物的力量，以及仰賴各種不能明說的儀式。然而，孫武可說是執著於獲勝的專家。目標是用最小的風險獲取最高的報酬，並且為此不擇手段。

而最能代表這種行為的一句話，就是眾所皆知的**「兵者，詭道也」**（第一章 計篇），道破了戰爭就是欺騙敵方的事實。

在戰鬥前應先使出渾身解術，分析資訊、擾亂敵人，或者是提振同伴的士氣。接著就可以等待致勝機會，一舉使出攻勢。《孫子兵法》中即具體且如實地記錄了這些知識與經驗。

《孫子兵法》一書中包含描寫局勢的「戰爭觀」、根據各種不同狀況所描寫的「戰略理論」，以及具體的「戰術」。無論哪個類別，通篇都在描寫該如何獲勝，以及該如何打造永不失敗的國家。

還有一件我們必須關注的重點，就是冷靜。

我們多數人非常幸運，並沒有歷經過戰爭。雖然每個國家國情不同，但對於身處戰事的國家來說，「熱衷度」才是影響戰事的關鍵。太平洋戰爭時，日本為發揚國威，透過媒體散播「英美鬼畜」、「一億玉碎」、「在戰勝之前無慾無求」等口號。為了籌備「本土決戰」，連女人和小孩都必須接受竹槍訓練。

從現在的觀點來看，這簡直是失去理智的行為。但當時整個國家都沉浸在激情的氛圍之下。也因為如此，太平洋戰爭才會長達三年半之久，不但造成大量的犧牲者，各地也成了焦土，誰也無法阻止。

而《孫子兵法》中，很明確地否定了這種戰爭方式，毫無提及「豪賭」、「只要有氣勢一定行」這種概念。**雖然是描寫戰爭的書籍，卻毫無激動言語**。

從《孫子兵法》能挺過歷史洪流、至今仍廣受眾人閱讀這點，便可證明其正確性。其中所記述的真理不僅超越歷史，且古今中外都認同。

◆習慣戰略性判斷

在這裡就舉出一個關鍵字，讓大家能更容易吸收《孫子兵法》的教誨。那就是**「根據戰略性判斷，做某件事」**。

我認為現在的年輕人傾向將情感擺在成功之前，例如：「一想到主管，我就胃痛」、「和客戶說話壓力好大」等等。換句話說，年輕人把人際關係中的所有枝微末節看得太重了。

《孫子兵法》中完全剔除了這些過於細膩的想法。只要把成功放在第一順位，就沒空在意個人好惡。以上述例子而言，想法就會轉換成「若需要上司簽章，就應該採取戰略性判斷，適度拍馬屁、與上司交涉」、「若真的想賣出這個商品，就應該採取戰略性判斷，請客戶吃頓飯」。

當然，依據狀況，我們有時也必須選擇撤退。假設你有一份無論如何都想通過的企畫案，卻因為與上司的關係、公司內部的問題，或是自己在公司的角色，導致沒人願意接受這份企畫。此時，即便拿出熱情，想硬闖關也沒用；應該冷靜地暫時撤退，等待下次可以進攻的時機，才是聰明的選擇。

從另一個角度來說，就是不注重任何人格特質上的攻勢。《孫子兵法》中，不太提及任何人性、感性等人格特質相關的戰術。這點與同為中國古籍、追求「人性應有樣貌」的《論語》正好相反。總而言之，不論人性，事情成功與否端看戰略。

對我們來說，情感層面的問題的確不小，其中又屬嫉妒最為嚴重。嫉妒又被稱為「Green eyed monster」（綠眼怪獸）。這種情感要是放著不處理，只會日漸增長。

例如莎士比亞四大悲劇之一的《奧賽羅》中，有一名善妒的角色亞果。他嫉妒奧賽羅的成功，因此故意讓奧賽羅誤會妻子黛絲德莫娜外遇，最終造成兩人死亡。

哲學家尼采在著作《查拉圖斯特拉如是說》中，將人類各種低賤的情感比喻為蒼蠅。當市場中有無數蒼蠅在飛時，他說服人們「逃往孤獨吧」、「逃往吹強風的地方吧」、「你不該成為一支蒼蠅拍」。這並不是在表達對世俗的煩躁，而是推崇獨來獨往的人生。

然而現實中，我們無法輕易地成為隱士；不過我們能將精神寄託於孤獨。而這就是一種戰略性判斷。

◆戰略勝於情感

會被稱為專業人士的人，大多重視戰略性判斷。

好比我曾與活躍於各大領域的作詞家秋元康對談，當時他就說過**「無論如何，只要是賣得好的東西，我都非常佩服」**。

面對陌生領域的熱賣商品時，我們往往會自視甚高地說「沒想到這種東西也能賣得那麼好……」並感到嗤之以鼻，或是對此一點興趣都沒有。

然而，秋元康不同。即使是不熟悉的領域，凡是正流行或當紅的商品，他都會留意。不僅如此，他還會思考、調查其熱賣的原因。

每個人當然都會有自己的喜好。尤其愈敏銳的人，愈容易有「這種東西好在哪裡……」的感受。

然而，我們應該先學會尊重市場結果，而非單單以自己的感受和價值觀作為評斷標準。與其說這是一種謙虛的表現，不如說這是戰略性判斷的表現。

我們應該做的是先放下個人喜好、任由好奇心發展，接著理性思考，最後理出結論。在這一連串的過程中，我們無需對人抱以傲慢的態度，更不用虛張聲勢。若我們只會從自己熟悉的日常生活中接收資訊，就容易對新知充耳不聞。

除此之外，當每天都專注於如何取勝，自然沒時間煩惱內心的問題，只能不斷積極向前。也就是說你愈專業，內心也會變得愈寬闊。

而愛對旁人逞威風，也是一種無法控制感受的證明。

也許其中不乏工作能幹的人，但他們絕對稱不上具有戰略性。由於他們難以獲得旁人積極的幫助，因此失敗早已顯而易見。

變化劇烈的業界、領域，就愈需要戰略性判斷，客觀地掌握自己的狀況。好比說大家都知道演藝圈變化的速度非常快。即使是當紅藝人，也可能因風向稍微不對，就立刻消失在螢光幕前，旁人的態度也會瞬間改變。若藝人稍稍走紅就表現出跋扈的態度，恐怕也會招致惡評。這種評價轉換的快速程度，是其他業界很少見的。

然而身處這個圈子，就勢必會遭受社會非常嚴苛的認知。若本身是一個厭世或悲觀的人，往往只能黯然地離開演藝圈了。只要認清這個世界就是如此，並現實、理性地判斷，就會明白無論到哪裡，都應該保持謙虛、親切的態度。只要理解這點，便更容易在這個圈子生存下去。愈能理解這點的人，愈能長久在業界生存。

◆貫徹專業精神，在嚴苛世界也能活得輕鬆

再舉一個更極端的例子，就是外科醫師這份工作。無論病患的人格為何、在想什麼，只要能治好其病痛或傷勢，就必須進行手術。此時，醫師的個人感受或狀況都沒有插足的餘地。這也可說是一種戰略性判斷。

據說完成比叡山千日回峰行的大阿闍梨——光永圓道先生，在整趟千日回峰行的過程中，從未量過體溫（春秋社《千日回峰行》）。因為即便發燒，他也會堅持繼續修行，所以量體溫自然就不具意義了。我認為就算他真的身體不適，也會為了繼續回峰行，而把病痛拋諸腦後吧！

再舉一個例子。我有一位年過七十、仍氣宇軒昂的經營家友人。每當他的某個事業步入軌道，他就會將整個事業拱手讓給下屬，然後開創新的事業。

接收事業的下屬，由於不費吹灰之力就能獲利，自然喜出望外；但我的朋友則認為

已經上軌道的事情一點也不有趣。他認為經營的醍醐味，在於想出點子、歷經波折後，最終使事業上軌道的這段過程。

過程中勢必會遭遇許多壓力和麻煩，其中想必也有過無數不順利、最後只好放棄的事業，但這正是他所追求的。而這種緊張感及成功時的充實感，讓他感受到身為經營者的使命。若是如此，他可謂是一位真正的經營者。

而上述案例的共通點，就是他們身為專業人士的表現。除了能達成對自身的要求，還總是能達成期望，甚至交出超越期待的成績單。為此他們願意把自己的私事擺在後頭，也因此深受旁人的信任。

也許從旁觀者的角度來看，這些專業人士的生活過於嚴苛。不僅責任過重，也十分不安，有時甚至會影響到旁人。即使他們想逃離這種生活，也不足為奇。

然而對他們來說，其實一點也不辛苦。因為**唯有在如此嚴苛的狀況下，他們的心才沒有受到動搖的空間**。也許這樣正好能將壓力轉換為能量，趕走個人的煩惱與問題。所以他們才能在繁忙的日子中保持優良的工作品質，並維持心靈的安定。

對他們來說，沒有工作反而會更痛苦吧！問題不只在職位或頭銜，也牽涉到他人對自己是否有所期待以及是否受人信任。當這些層面不夠穩固，心靈就會容易受到動搖，陷入愈來愈無心工作、導致心裡受到更大波瀾的惡性循環。

◆工作是一場比賽，必須切割情緒

我的學生們在工作上各自面臨了一些問題。尤其初次接觸上司、同事這種身分的人，在處理人際關係時往往有不少疑惑，很少人能出社會就一帆風順。其中有許多人為此煩惱，而累積了許多不必要的壓力。

在給予他們建議時，我首先提出的通常是「先試試看戰略性判斷吧」。

由於必須天天見面，同事之間很容易因為一些小事而導致關係變得尷尬，或者受到個人好惡干擾。既然難以避免，再怎麼煩惱都無法改變這個事實。

這時，我們必須冷靜地梳理狀況。首先要理解，上司與同事的關係不會持續一輩子。雖然每間公司的體制不同，但通常每隔幾年就會發生職務調動或部署轉換，最近也有不少自請調動部門的案例。如果盡早學到技術與知識經驗，也能為轉職鋪路。

因此，若沉浸在煩惱中就太可惜了。縱使有不開心的情緒，也應該將情緒與工作切割開來，並試著想像幾年後的自己會做什麼？希望自己做什麼？或者認真審視現在的自己欠缺什麼，再往回推算，就知道現在的自己該怎麼做了。這正是所謂的戰略性判斷。

想當然耳，戰略性判斷並不需要特殊能力。只要有決心，任誰都辦得到。換言之，如果不會戰略性判斷，只是因為沒學過該怎麼做。打個比方，你可以試著去想「根據戰略性判斷，我應該花三年在這間公司學好技術」，或是「經戰略性判斷後，我決定在對待上司時保持親切的態度」。

適度切割情緒，是在社會中順利生存的祕訣。無論這些戰略是否奏效，只要下定決心、抽離情感，工作的時候勢必會輕鬆不少。

正如一開始所說，若工作的目的是獲勝，其實就和運動、比賽的道理相同。因此，**敵人愈強大、障礙愈難跨越，就愈能提振士氣，讓人變得更加積極**。至於該如何通過考驗，就要憑藉個人的手腕了。這正是一種《孫子兵法》式的發想。

本書將摘錄《孫子兵法》中特別具有

象徵性的內容，解讀給大家，並套用在現在的時空背景中。相信這些經驗有助於必須成天面對戰鬥或想讓心靈放鬆的人得到一些啟發。

《孫子兵法》是寫給將軍看的書，意即受國王聘請為軍事統領的人。現今社會中，應該沒有人會自認為是將軍吧？然而，若把將軍想成一種中間管理職，想必不少人都會符合這個身分。若不論職位，把所有必須對公司和客戶負責的人都囊括進來，不符合的人反而會占少數。只要你的決定會影響某個人，你就可以說是那個領域中的將軍。接下來的內容，我將以這個前提來解讀《孫子兵法》。

職場平步青雲術！《孫子兵法》

目錄

文庫版引言——戰略性思考的必要性

前言——這是一本「每天都面臨戰鬥的人」必讀的書

第一章 勝負早在開戰前定下！

第二章 讓局勢為你加持

第三章 商務人士的必備策略

第四章 強大的組織能造就「將」

第五章 接下來，隨時準備迎戰

本書引用自淺野裕一所著之《孫子兵法》（講談社學術文庫），
並參考同書翻譯、加以編排而成。

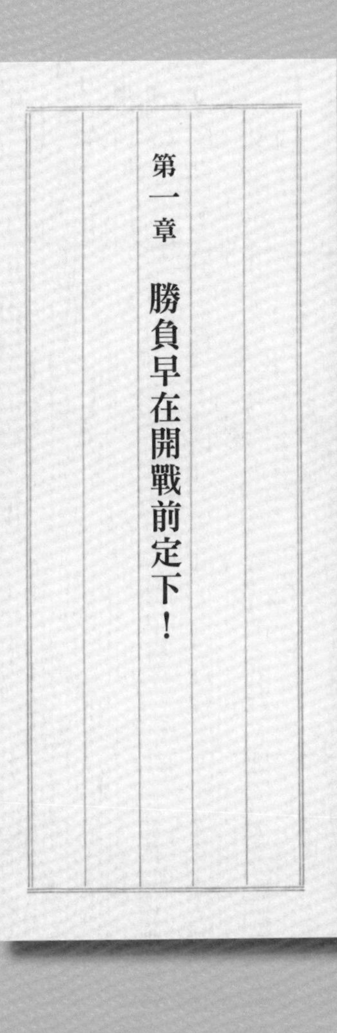

第一章 勝負早在開戰前定下！

1 獲勝的五個條件——道、天、地、將、法

◆靠事前資訊戰贏得戰鬥

這是很久以前的事了，不知道是否還有人記得。一九九六年，亞特蘭大奧運發生了「邁阿密奇蹟」，日本國家足球隊竟以「一：〇」的比分擊敗巴西隊。尤其當時日本職業足球聯賽剛成立，日本舉國上下皆興奮不已。這可說是日本足球史上的一大奇蹟。

相關人士指出，日本之所以能獲勝，是因為悉心準備的戰略奏效之故。當時，巴西隊的弱點在於後衛與守門員之間的默契不佳。日本隊事先調查到這點，深信只要拚命瞄準這個弱點踢球，必定會增加獲勝機會。那珍貴的一次進球，便是日本隊在比賽中虎視眈眈緊盯機會所得到的成果。

在運動的世界裡，賽前徹底收集、分析對手的資訊，並找出弱點、尋找獲勝的機會，是再正常不過的事，這個動作就叫「偵查」。事前的資訊戰做得是否完備，將深深影響比賽結果。

資訊戰在商界中同樣扮演著舉足輕重的角色。例如：調查顧客和廠商的期望、競爭公司的戰略、景氣和社會動向、上司和下屬的想法等等。我們必須調查的資訊，實在是數之不盡。

不僅如此，我們必須根據這些資訊來決定下一步該怎麼做。無論談判還是報告，進入實戰前的一連串事前準備，其實占據了工作內容的一大部分。

這麼看來，《孫子兵法》確實是一本非常適合現代的戰略書籍。其中屢次提到**「不戰而屈人之兵，善之善者也」**（第三章　謀攻篇），說明了**「不戰而勝」是最高明的戰略，而事前分析就是達到不戰而勝的最佳良方**。

《孫子兵法》的教誨十分具體。**「故經之以五事」**的意思是「應以五個基本要素去思考死生之地、存亡之道」。這五個要素便是**道**、**天**、**地**、**將**、**法**。除此之外，還斷言**「凡此五者，將莫不聞，知之者勝，不知者不勝」**（第一章 計篇）。換言之，只要是將軍都應該知道這五個要素。誰理解得愈透澈，誰就能夠獲勝；若是只知道表面含意，就無法獲勝。

因此，除了事前要收集、分析資訊之外，還應該根據這五個要素，操作、引導自己的軍隊找到有利的作戰方式。

◆讓工作環境成為助力

接下來，就來看看每個要素的具體含意吧！

首先，以現在的話來解釋，「道」指的就是團隊內部的資訊網。資訊必須在團隊中暢行無阻地流通共享，讓團隊在資訊流暢的前提下尋求共識。換言之，唯有能互相共享意見的組織才可能取勝。無論是過去還是現在，這都是組織理論的基本原則。

而「天」、「地」正如字面上的意思，原指天候與地形。相信大家都明白，掌握天候與地形在古代戰爭中相當重要。相比之下，這兩點對現今的商場來說可能就沒那麼重要了。

但是，只要把天候與地形想成是「環境設定」，就變得值得深思了。我們不是《三國演義》中的諸葛孔明，無法操控天候與地形；但可以改變職場環境，創造對自己有利的狀況。

舉例而言，當想要提醒下屬、後輩時，可以選擇親自走到對方的座位旁、借用會議室來避開眾人目光，或是在走廊等待兩人交會的時機。每個方式都會帶給對方不同的感受，我們必須根據提醒的內容來考慮提醒的時機點。

另外，也可以多花一些心思安排開會時的座位。

新冠肺炎疫情開始前，我在大學開辦研究會時，會依照當天討論的題目及內容變換

座位，例如：將座位擺放為ㄈ字型，或是將座位分配成多個區塊。藉此讓討論進行得更有效率、參與者更踴躍。

雖然因為疫情，遠端工作的機會變多、直接見到對方的機會變少，但面對較為困難的談判時，**比起坐在對方正對面，利用桌角、讓兩人成く字型，更能營造出友善的氛圍**。

若與會人數較少、會議時間較短，比起會議室，更適合直接站在休息區的圓桌旁開會；若想轉換氣氛，可以直接去咖啡廳，或借用飯店裡的會議室。在對方的地盤和自己準備的場地見面，也會大大影響環境設定。

◆就算獨自工作，還是有敵人

天與地的重要性，不僅在與人溝通上。

若將工作比擬為運動比賽或遊戲，就會出現「敵人愈強，愈能振奮人心」的情況。然而，有些工作類型讓我們很難預料敵人的真實身分，獨自作業的文書工作就是其中一項典型。此時的「敵人」，其實就是我們內在的自己，考驗我們是否能維持工作動力。

這時，環境就很重要了。**當缺乏幹勁、進展不順時，應該試著轉移陣地，到附近的咖啡廳等其他地方工作**。因為轉換氛圍和景色，有助於幫大腦切換開關。

對我來說，在家寫書實在是困難重重。雖然看似能放鬆地處理公事，但家中有狗、小孩和電視，根本放鬆過頭了。

當身處在這種空間裡，即使強迫自己集中精神，也只會感到更加疲累。既然如此，不如花個十五至三十分鐘，動身前往附近的咖啡廳，工作起來反而更順利。

而且不知為何，咖啡廳有種讓人提振精神的魔力。假設現在有件工作，必須看一份很複雜且自己完全不感興趣的資料，我們往往會拖到最後一刻，被人催促後才心不甘、情不願地開始閱讀。

此時，在咖啡廳裡處理工作，心情上就會變得比較輕鬆。即便必須處理比較討厭或麻煩的事情，也會較為甘願地接受。這項小技巧也可說是一種戰術。

進一步地說，所謂的天、地不僅指環境、場所，也可以指「工作程序」。許多小說家與漫畫家每天工作結束時，並不會剛好停在一個段落，反而會多寫一行或多畫一格。據說這麼做的話，隔天就能更順暢地開始工作。

我想應該很多人會對這個做法有共鳴。若剛好結束在一個段落，隔天就必須從零開始，會有種不知該如何下筆的感覺；但若事先埋下伏筆，隔天只要接下去做就行了。

這個道理就如同引擎。引擎若不停運轉，耗油量反而會比反覆發動、關掉引擎還要少上許多。

尤其是當工作處理得很順暢時，利用這股「餘熱」先處理隔天的工作，就一點都不會覺得辛苦。即使不是正式的工作也無妨，可以趁著動力還在，記下腦中浮現的靈感。若什麼都不做，讓熱度冷卻就太可惜了。難得有動力，就應該盡可能讓其持續得久一點。

◆善用適合自己的工具

此外，工作上使用的工具，可謂是現代版的天與地。工具就好比武器，只要善加利用，就能成為最稱職的工作夥伴；然而，若無法妥善運用，反而會成為壓力的來源。

我有一個友人，在智慧型手機時代來臨後，就再也不需要帶著電腦到國內外出差了。身為現代人，不可避免地什麼工作都必須使用電腦，但當時的電腦實在太大又太笨重，不適合拿著到處走。所以智慧型手機的出現，對很多人來說是一種救贖。

然而，並非所有人都適合使用智慧型手機，有些人反而認為摺疊型手機的功能和方便性更實用。因此最重要的不是跟隨潮流，而是認知到工具適不適合自己。

就像現在電子書普及，出現了許多電子書閱讀裝置，例如：專門用來看書的Kindle、多功能合一的iPad等。這時，我們就必須好好思考，到底什麼工具對自己來說最有用。

又譬如筆記，有些人喜歡具備多功能的電子筆記，有些人則喜歡像過去一樣手寫筆記。在眾多選擇之中，我們應該以自己的日常生活和工作習慣來決定，而非只考慮價錢和外觀。

有時候，我們也會碰到一些從未接觸過、本以為自己不需要的工具，使用後才發現這項功能原來如此方便。若有試用期，自然再好不過，但實際上往往不如我們所願。不過，我認為在這個變化快速的時代，即使選錯也無妨，應該多方嘗試。

我常常手寫文章，因此也試過各式各樣的原子筆。

市面上有一種多功能原子筆，不僅有黑、紅、藍、綠的原子筆筆芯，還附有自動鉛筆。我選擇同時使用一般的筆和出墨很順的多功能原子筆。不僅如此，我也同時使用iPad和iPhone。同時使用多種工具，就能自然而然地做出選擇。

避免尚未嘗試就拒絕、試著併用多種工具，就能利用達爾文的「天擇論」，讓自己在工作領域上進化。

◆唯有成為執行者，才能生存下去

第四個要素「將」，則是指將軍的資質，意即領導者的管理能力。

身為將軍，勢必擁有**「智、信、仁、勇、嚴」**（第一章 計篇）的特質，也就是擁有洞悉情形的智力，以及受下屬信任、體諒下屬、勇於面對困難、嚴格遵守規則的能力。

這些也是所有社會人士應具備的特質。正如前述所說，無論身處什麼職位，只要有工作職責在身，就必須擁有身為將軍的自覺。從二千五百年前至今，只要是由具備以上能力的「將」所帶領的組織，都勢必十分強盛。

尤其現今受到景氣的影響，許多公司都偏好減少錄取人數並選用精英。論資排輩制和終身雇用制都開始瓦解，每個員工在工作上所扮演的角色也愈來愈多。

因此在雇用員工時，公司重視的是員工在各個面向的能力。現在已經不是「只要從不錯的大學畢業就可以了」、「只要親切、做人圓滑就夠了」的時代，公司不再需要只會做好交辦事務的員工了。

現在公司所需要的人才，是能交付工作、分擔責任的人。換言之，每個人都必須成為「執行者」。若無法依照自己的想法，有能力去承擔風險、執行工作、帶動同事，就難以脫穎而出、成為被聘請的少數人。

過去的日本社會，無論能力高低，所得差異都不大。就連競爭最激烈的職棒界中，明星球員王貞治和長嶋茂雄，與其他一軍選手的年薪差距也不大。直到一九八六年，落合博滿和東尾修才率先成為年薪一億日圓的職棒選手。即使王貞治與長嶋茂雄在日本掀起很大的轟動、比賽觀看率高、對球隊和棒球界都帶來很大的利益，年薪都始終未達一億日圓過。

當時社會的各行各業，都採取「護送船隊」的方式。也就是在官僚主導下，公司會避免讓團隊的某部分人特別突出，並同時避免部分人過於落後，盡量維持整體平衡。正是這種方式，支撐著論資排輩制和終身雇用制，造就穩定的日本社會。

然而時至今日，這種模式已徹底瓦解。職棒界年薪破億的選手大有人在；受傷後立刻被轉為育成契約而年薪銳減的人更是不在少數。在職棒這個重視實力的業界，會有這樣的轉變確實無可厚非。但事實上，實力取向的做法正開始滲透整個社會。

很遺憾地，這股趨勢恐怕無法回頭了。放眼海外，如：中國、印度等新興國家，社會都特別地競爭，年輕人都抱有「想更加富裕」、「努力一定會有回報」的念頭。所以日本的年輕人也別無選擇，只能與他們看齊並加入戰鬥。

正因如此，《孫子兵法》所闡述的思想才能大放異彩。現在已經從「只要辛勤工作，就能過上不差的生活」，轉為「每個人都應該成為將軍」的時代了。只要對此有所認知，這本古老的戰略書籍勢必能助你一臂之力，因為這是每個擁有職責的人都必須學習的特質。

換個角度看，可以說每個人都開始擁有獨當一面、成為將領的機會。

◆將公司內的不成文規定改成明文規定

最後的一項要素「法」，則代表軍法、秩序與規則。以現在的話來說，就是「守規」（遵循法律）。換言之，制定團隊內的規則，就是讓團隊功能順暢運作的第一步。然而，光是制定規則是不夠的。

無論是怎樣的組織，其工作方式與人際關係上都有著「不成文的規定」，舉凡「若要提案，跟B課長說，比跟A主任報告來得快」、「在C先生面前不要提到D先生」、「若要舉辦聚餐，應該由E來擔任幹事，F負責結帳」。這些規定並沒有明文寫下，唯有內部人士才知道。

其中也有許多不合理的規定。若在不知情的狀況下踩到地雷，甚至可能導致人際關係出現問題。但只要盡早掌握這些規定，工作起來就會更順利；而掌握這些規定也是一種能力的表現。我們必須像開帆船一樣，看懂風向並將之轉換為能量向前行。

若想要養成這種能力，不如自己動手寫成明文規定，會更有效率。例如：初次參加會議時，只要稍加觀察，便能發現誰和誰關係不佳、誰對誰有顧忌等人際方面的狀況，此時便可以將「關係圖」記錄在手邊的筆記中。

記載真實姓名而不小心被人看到，勢必會引來麻煩，因此應使用只有自己看得懂的記號書寫。這個動作不僅能訓練觀察組織的能力，也是一種戰略筆記，讓你更清楚身在其中時該如何應對。如此一來，在整個組織中也能更加靈活自如。

即使同時期進入公司，有些人總感覺無法融入團隊，有些人則給人一種已經待很久的印象。原因除了個人性格與溝通能力的差異之外，也與是否有擬定戰略有關。

我有一位學生進公司還不滿一個月，上司就對他說「怎麼覺得你已經待很久了」。詢問之下，才發現他的訣竅在於盡早找出規則。譬如「這時應該發表意見」，或「這時應該更坦率地回答」。只要知道什麼時候該說什麼話，就能將當下的氛圍變得更舒適。

而我派去教育實習的學生中，也有一位學生僅僅花一、二天的時間，便成功籠絡校長與副校長的心。原因和上一位學生一樣。但由於民間公司積極招攬，他最後還是選擇在民間公司就業。可見即便是公司，也急切需要擁有這種能力的人才。

本單元中，我將《孫子兵法》中「知之者勝」的要素——「道、天、地、將、法」分別套用於現代商場的情境中解釋，希望各位讀者能將自己定位為將軍，重新審視工作環境。如此一來，必定會瞭解過去做過哪些「不知者」的行為。

「凡此五者，將莫不聞，知之者勝，不知者不勝。」

（第一章　計篇）

（凡是將軍便聽過「道、天、地、將、法」，但唯有深深瞭解其中含意者能獲勝，只知表面者則無法獲勝。）

給現代人的《孫子兵法》絕招

談判時應坐成ㄑ字型；當失去動力、進展不順的時候，可將工作地點轉移至附近的咖啡廳。

2 你有多瞭解自己

◆戰略上不僅知彼重要

《孫子兵法》中有一句名言：**「知彼知己，百戰不殆」**（第三章 謀攻篇）。

如前述所說，無論是在戰爭、運動競賽還是商場上，若不清楚對方底細就莽撞行事，必定毫無勝算，因此我們必須冷靜地分析。《孫子兵法》中，以不同的形式不斷闡述這個觀念。

然而，光瞭解這句話並不夠。大家往往會把重點擺在「知彼」上，但其實「知已」更加重要。

我們常以為自己是最懂自己的人，但其實這就是不瞭解自己的證據。

這個狀況通常會引發兩種悲劇。第一種就是對自己太有自信。由於高估自己，導致無論怎麼分析對手的實力，都無法冷靜、客觀地比較。低估自己有時還可能獲勝，但反之只會落得慘敗的下場。

第二種則是未充分共享組織內部的資訊。舉例而言，二〇一一年發生東日本大震災，並引發了核災事故，光從電視的新聞報導就能發現政府多麼混亂。包括當時的詳細狀況為何、每個單位掌握多少資訊、資訊是否有傳遞給相關機構等等，都不明朗，導致人心惶惶。

即使不是這種大型天災，平時的商場上也會發生組織內部資訊不流通的狀況，常見的情形如：下屬不向主管報告。

下屬總會盡可能地避免將負面資訊傳遞給上司，以免影響自己的評價。要是平時就疏於溝通，狀況就會變得更加嚴重。

無論上司問任何事，下屬總是先回覆「沒問題」、「我有在處理」這種敷衍的答案，並希望自己在這段期間內能挽回劣勢，或事情能夠出現轉機。但最後事情總在上司不知情的情況下漸漸惡化，當發現事態嚴重時，已發展至難以收拾的局面。到時就算上司問下屬「為什麼都不把狀況跟我說？」也於事無補了，最後整個組織都會嚐到不努力知己的苦果。

接下來，本單元就要為大家介紹《孫子兵法》中「知彼知己，百戰不殆」後面的文章——**「不知彼而知己，一勝一負；不知彼不知己，每戰必殆」**。

◆下屬如何看待自己

心理學中，有一個概念叫作「周哈里窗」。

將縱軸與橫軸畫成一個十字。縱軸上方是「他人所知的資訊」，下方是「他人不知的資訊」；橫軸的左方是「自己所知的資訊」，右方則是「自己不知的資訊」。如此一來，左上的窗便是「他人和自己皆知道的自己」，意即「官方的自己」。我們平時就是用這個部分與人交流，並能接受指正與改進。

左下、右下的窗就在此省略不談；問題在於右上的窗，也就是「他人瞭解，但自己不瞭解的自己」。這是最大的危險地帶，因為自己所想像的自己，與周遭對自己的印象不一定相同，而這之間的落差通常比本人想像中更大。

舉運動選手的例子來說，他們常罹患「二年級生症候群」。明明出道那年以新人之姿活躍於球壇上；隔年卻彷彿變了一個人似地陷入低潮。

會發生這個問題，除了可能是球員本人開始變得自負之外，另一個原因，就是對手已徹底分析球員過去一整年的比賽數據。當對手比球員本人更早注意到他的弱點，勝負就顯而易見了。要是本人仍找不出自己的弱點，便會開始恐慌，連擲球方式都走樣，最後甚至身負重傷、一蹶不振。

更糟糕的例子就是被人說壞話，例如：「他總是重複一樣的話」、「他的口氣很傲慢

周哈里窗 與 孫子兵法

	自己所知的資訊	自己不知的資訊
他人所知的資訊	1 **開放我**	2 **隱藏我** 危險！
他人不知的資訊	3 **盲目我**	4 **未知我**

「周哈里窗」是由心理學家Joseph Luft和Harry Ingham所發表的概念，名稱來自於兩人名字的合稱。

《孫子兵法》闡明了不瞭解對方和自己將每戰必殆的道理（第三章 謀攻篇）；而從周哈里窗可知，若只瞭解對方、不瞭解自己，則會造成盲目的弊端。

又自以為是」、「他的酒品很差」、「他很愛沾沾自喜」、「他一直說冷笑話，氣氛都冷掉了」等等。換言之，連自己都沒發現的個人資訊，反而被旁人看得一清二楚。但這種程度還不打緊，最糟的是明明沒能力、卻誤以為自己很能幹。人都容易高估自己，所以這種例子其實並不少見。

由於這種人很難共事，身邊的人勢必會漸行漸遠，導致本人只能接收到表面資訊、無法獲得幫助，難以知彼。

若身處管理階層，情況就更加危險了。**由於沒有人敢出聲提醒，可能導致當事人對自己始終有錯誤認知，使無能的醜態愈發慘烈。**

在過去的時代，上司再怎麼無能，下屬也只能認命服從。員工中當然不乏高手，願意配合著一搭一唱、不時吹捧，將之視為職涯中的必經之路，與上司維持良好關係。當然，這麼做也能維持組織整體的和諧。

然而，現在的年輕人心智較為脆弱，稍有一點不順心，就會立刻離職。由於員工離職會造成公司重大的損失，因此某些公司也開始訂定制度，讓員工有轉換部門的機會，或是將上司的管理範圍擴大到關心下屬心靈的層面。總而言之，現在已不是下屬必須服從上司的時代，而是下屬挑選主管的時代了。

沒被選中的上司，自然會被認定沒資格擔任管理職。若是事到臨頭才意識到自己不是能幹的上司，往往為時已晚。

◆想知己，問旁人最準

讀到這裡，我想先請各位做個自我分析。請仿照書上的圖表，畫出十字。縱軸上方是「親切」，下方是「冷淡」；橫軸的左方是「工作能力強」，右方是「工作能力差」。無論是誰，應該都能被分類在這四扇窗的其中一扇。

請冷靜回想你在職場中的表現，想想自己屬於哪一扇窗。

	工作能力強	工作能力差
親切	工作能力強，又親切。	工作能力差，但親切。
冷淡	工作能力強，但冷淡。	工作能力差，又冷淡。

若屬於左上窗的話，當然再好不過了；但若是右下窗，最好開始審視一下自己做人處事的方式。

話雖如此，重點其實不在自我分析，而在於你的上司和下屬將你歸類在哪一扇窗，以及這個結果與你的自我分析結果是否有落差。同事之間在聚餐、茶水間裡最常聊的話題，就是公司中的某人（特別是上司）屬於哪一扇窗。然而最恐怖的，就是這種資訊絕對不會流入當事人耳中。

因此這個時代也可以說是上司的受難時代。常有上司因懊惱與下屬之間的關係，導致身心俱疲。

但就我的瞭解，與其說是上司本身的能力或個性有問題，不如說是組織內部的溝通技巧出了問題。公司中若缺乏讓彼此互相瞭解的氛圍，導致職場關係生硬，不僅會無法提升工作士氣，這個責任還會轉嫁至主管身上，使主管飽受責難。這種氛圍無處排除，就會使氣氛愈來愈差，不少組織都深陷這種惡性循環之中。

許多請我舉辦討論會和演講的公司，都會要求我講述「溝通」這個題目。這些公司希望改善職場氣氛，但畢竟同事之間不是家人和朋友的關係，太過親密也有些奇怪，應保有適度的距離並互相尊重。

想達到這個目標，第一步就是填補自己和他人之間想法的落差，也就是盡可能縮小「他人瞭解，但自己不瞭解自己」的這扇窗，而最直接的方法就是詢問周遭的人。

話雖如此，如果直接問對方「你覺得我如何？」，氣氛想必會變得很詭異；約對方喝酒，然後說「我們開誠布公地聊聊吧」，說不定也會造成對方的困擾。因此，我們可以試試看**針對部門正在推行的企畫，請大家毫無顧忌地提出意見**。

若擔心面對面會難以開口，可以採取寄信或寫匿名紙條的方式。只是簡單的一句建議也可以，重點在於促使所有人都提出意見。如此一來，就能從中得知下屬對領導者的批評與意見了。

這種方式就好比許多店家會在店鋪或網路上徵求「顧客心聲」，藉此收集顧客的意見與期望。有些店家還會提供折扣等服務給提出建議的顧客，可見顧客的意見有多麼寶貴。而前述的方法就是公司版的意見徵求箱。

◆別忽略隱藏在「如果可以……」背後的真實期望

我會推薦這個方法，是因為我親自實踐過並因此得到回饋。

實體授課中，我會請學生在出席表的背面寫下對於課程的意見，並於課後收回。

在這個過程中，我曾得到「講話真冗長」、「這是我目前上過最喜歡的課」等意見，還有人提出「希望下次的課程可以討論這類型的書」，讓我獲得許多多元又豐富的回饋。這麼做能確實地瞭解學生對這堂課的感想，以及對什麼部分感興趣。

不僅如此，這個方法還能省下不少時間。因為若要聽完每一位學生的意見，課堂時間恐怕就要結束了；但請學生寫在出席表上，就不會占用到太多時間，我也能快速地瀏覽、從中獲得珍貴資訊，不會造成雙方的負擔。

有時候，我還會看到出乎意料的意見，而這也不失為一種樂趣。如此一來，不僅能達到知己的效果，也能在課堂上給予反饋。若課程因此變得充實，也能促進學生的求知慾，產生正向循環。

不過，詢問方式仍需要一些技巧。客人對店家或許能毫無顧忌地表達意見，但學生對老師或下屬對上司實在很難暢所欲言。學生或下屬往往會在開頭加上「如果可以的話……」或是「硬要說的話……」，稍微修飾真實的意見。

此時絕不能如字面意思，抱著「做得到再做就好」的心態。雖然對方用了委婉的口氣，但其實都是真心話。

常有人會批評或揶揄日本人無法說出真心話，但這確實是日本社會真正的風貌。直接說出心裡的感受，很可能會使彼此的關係惡化。懂得修飾並包裝自己的想法，反而是溝通能力極佳的證明。所以上司在傾聽下屬心聲時，也必須考慮到這一點。

即便聽了下屬的意見，也不代表必須照單全收。特別是在公司裡，若對於下屬的一切要求言聽計從，根本無法處理好工作。上司應該做的是去改善能改善的部分；不能退讓的部分就和下屬好好談談、一起解決。

光是創造開始溝通的契機，就是極具意義的事。若雙方的關係因此更親近並找出解決方法，公司勢必會認為「這個上司有改進的能力」，並對你更加信賴。

◆透過嗜好圖，讓他人認識自己

還有一個方法，能讓你在知己前，先讓旁人瞭解你。

有一間公司委託我舉辦一場研討會，目的是讓組織內部有更多交流，當時我提出的方法就是製作「嗜好圖」。

過程很簡單，只需要準備一張A4或B4的紙，讓參加者自由寫下喜歡的東西（書籍、音樂、運動、食物、學生時期參加的社團等都可以，但要寫得具體），影印後發給會場中的其他參加者。

光是這個活動，就足以讓整個會場熱絡起來。參加者不僅能發現每天朝夕相處的上司或下屬令人意外的興趣，還能找到嗜好相同、意氣相投的人。平時在職場上，同事之間往往隱藏著「不干涉彼此私領域」的潛規則。久而久之，這種潛規則就漸漸成了某種藩籬。而透過公司舉辦活動，展現各自私下的生活，就能降低彼此之間的藩籬，讓隔閡自然而然地消失。

舉例而言，有一位年過五十的總監表示自己喜歡桃色幸運草Z的音樂後，年輕的女職員就紛紛開始吐槽或拍手叫好。這是平時在職場上看不到的光景。

當然，這個活動的目的不只是促進大家的感情，最重要的是要透過閒聊來瞭解彼此的為人。正如前述周哈里窗的概念，透過擴大「他人和自己都瞭解的自己」這扇窗，讓其他的窗相對縮小。

在這樣的基礎之下，就算平時上司與下屬之間意見相左，或是下屬遭受責罵，仍不會輕易動搖彼此的關係，可以更自由地交換意見。雖然閒聊常被視為浪費時間的行為，但其實閒聊是非常寶貴的潤滑劑，可以說是一種保障機制。這麼一來，就能如夫妻或親子關係，難以輕易摧毀（當然也有許多例外）。

反之，若平時缺少閒聊這種再平凡不過的行為，可能會導致輕微的批判都被視為人身攻擊、再小的舉動也會讓人神經緊繃。因此，絕不可小看閒聊的力量。

話雖如此，疫情肆虐期間，實在不適合舉辦員工旅遊，許多公司聚餐也紛紛取消，連「促進同事感情」這句話都鮮少耳聞了。

不過，我認為大家至少可以試試看嗜好圖這個活動。我無法保證這個方法一定能百戰百勝，但勢必是個契機，能讓個人或組織都變得更加強大。

順帶一提，活動上喝不喝酒隨個人喜好；但醉意襲來之際，往往會變得無法「知己」。參加單純的聚餐，自然酩酊大醉也無妨；但若是抱有目的參加活動，請務必保持一定的清醒。

「知彼知己，百戰不殆。」

（第三章 謀攻篇）

（只要瞭解對手和自己，無論歷經幾次戰鬥，都不會陷入危機。）

給現代人的《孫子兵法》絕招

討論部門內部的企畫案時，請下屬毫無顧忌地提出意見。

第二章 讓局勢為你加持

1 速度決勝負

◆決定方法，掌握局勢

觀看運動賽事時，常發生前一秒兩隊還旗鼓相當，某方卻突然因失誤而兵敗如山倒的狀況。每當發生這種情形，通常已挽回不了局勢。相反的，若此時另一方能乘勝追擊、一口氣進攻，通常都能獲勝。可見重點在於抓住勝負關鍵。

《孫子兵法》中，將這個關鍵稱為「勢」，並稱**「勢者，因利而制權也」**（第一章 計篇）。在面對比賽時，事前縝密的演練與準備當然不可或缺。這也稱作「計」，但絕不可能光靠這點獲勝。正式比賽時，隨時可能發生無法預期的狀況。此時，最重要的就是該如何臨機應變、掌握關鍵，此即「權」。

例如：在商場談判時，談條件可說是家常便飯。此時，若一味堅持自己的主張，必定會破壞整個局勢。話雖如此，若對對方言聽計從，則無法守住自己的利益。**談判的時候，最重要的是事先設下「不可妥協」的界線**。然後視當下的交談狀況，伺機行動。

在溝通時，即使事先縝密規畫了要說哪些事，往往仍難以抓到提出的時機。若對方策略性地不讓你說出口，就更加困難了。

這種時候，我們也可以試著先讓步，再帶出交換條件。又或是率先提出較大的要求，先發制人，然後再做出讓步，就不至於太偏離最初所設下的界線。

還有一個方法，就是抓住對方的語病，並把話題轉移到那個方向。

無論是哪種方法，勝負的關鍵就在於是否掌握機會，以及是否找到自己的節奏。若只是附和對方所說的話，必然沒有勝算。這時倒不如說「我會和上司談談」等藉口，儘早逃離現場，整頓好狀態再說。

◆苦熬多年必無法取勝

想掌握局勢，關鍵就在於速度。正如**「故兵聞拙速，未睹巧之久也」**（第二章 作戰篇）所說，戰爭應儘早結束，為了追求完美戰術而拖長戰事並非上策。

這句話衍生出了「巧遲不如拙速」這句俗語。又高明又快速當然最為理想，但事情往往不會如此順利。若只能擇一，還是應選擇拙速而非巧遲。而下一句緊接的是**「夫兵久而國利者，未之有也」**，意即長久戰事必定對國家不利。

在日本，拙速常被解讀為貶義。說白了，拙速給人一種「只有快速這個優點」的印象。就如龜兔賽跑的寓意，日本社會中流行一種風氣，把花長時間仔細做好一件事視為美德，「苦熬多年」的說法也備受推崇。

然而，《孫子兵法》卻有著截然不同的價值觀。書中的想法十分務實，認為一打持久戰，士兵勢必疲憊不堪，調度軍糧等物資也會耗費許多成本。如此一來，將動搖國家的國防與經濟，給他國乘隙而入的機會。所以無論局勢如何，都應該將短期作戰視為必要條件。之所以必須悉心用「計」，以及重視「勢」和「詭道」，都是為了能縮短戰線。

愈處於劣勢，這個觀念就愈重要。抱有「一定要扳回一城」、「必須拚命報一箭之仇」等想法，並鑽牛角尖的人，最後大多都陷入泥淖無法脫身。若就此打住，趕緊撤退，至少不至於身負重傷。

應該很多人會對我接下來所說的例子有共鳴。冗長的會議不僅會讓員工士氣低落，所有出席者也都無法處理其他工作，對公司來說是莫大的損失。且開完會後往往也理不出稱得上「巧」的結論。**如果在會議開始前，先花一到三分鐘整理出議題，至少能避免「拙」的結果**。

這個做法也能應用在個人作業上。

無論做出多完美的報告，只要超過繳交期限，所有努力都將化為泡影；相反的，即

使不那麼講究細節，只要早點繳交，就能儘早得到上司等他人的意見，也有多餘的時間能夠修正，說不定最後還能完成一份高水準的報告。

我在大學授課時，常要求學生提交簡單的報告。也會在紙上寫幾個問題，發放給學生，並要求學生不用想得太深，但務必要把考卷寫完，且必須在八分鐘內完成。

然而，大多數的情況下，能在時間內寫完的學生只有一成左右。原因就在於「巧遲」。學生為了仔細作答，因此還沒寫完就超過時間限制了。

這時我會故意宣布「最後一題的分數占一百分，你們再怎麼認真寫其他題目都得不到分。」此時學生們的反應不是懊惱不已，就是抗議。雖然帶點開玩笑的性質，但沒遵守規則的是他們。

學生倒還好，但社會人士可不容許出現這種差錯。無論面對什麼工作，「遵守約定」和「在期限前完成」都是基本中的基本。我之所以會對學生耍手段，其實是希望把這種觀念植入他們的想法之中，讓他們瞭解拙速的重要性，實屬「愛的鞭策」。

◆反覆利用拙速，提升經驗值

拙速能消化作業量，也能累積經驗值。

雖然花的時間一樣，但「拙」最終將能轉化為「巧」。

最適合用來說明的例子，就是在漫畫雜誌連載的漫畫家。若比對他們連載初期與最新一回的作品，就會發現他們的作品都有明顯的進步。

舉例而言，在日本極具代表性的池上遼一先生，他初期的作品也稱不上優秀；又譬如井上雄彥先生的代表作《灌籃高手ＳＬＡＭ　ＤＵＮＫ》，其第一回的畫風實在難以令人感受到速度感，和最終回的魄力相比可說是截然不同。而他們最後會有如此成就，除了原本就擁有的能力之外，想必是在截稿期限的追趕下，日夜持續拚命繪畫後所累積的成果。

手塚治虫也是如此。除了排得滿滿的行程之外，還要每週持續畫《怪醫黑傑克》，且每一回都是足以被拍成電影的傑作。他的才華不用多說，但也可說是嚴苛的環境造就了這樣的天才。

不只上述提到的幾位漫畫家，漫畫界的競爭十分激烈。除了出道之前那段地獄般的試煉外，未來仍有地獄般的日子在等著他們。

就好比《週刊少年Ｊｕｍｐ》。只要作品的人氣稍微下滑，就會立刻被挪到後面的頁數。可想而知，若是趕不上截稿日，勢必將漸漸遭業界淘汰。也就是說，漫畫家必須將品質和交稿量維持在高水準。常有人說運動界非常嚴苛，但我認為漫畫界有過之而無不及。

大多數的行業其實並沒有那麼嚴峻，但我們仍能從中學習到不少事情。

工作效率高的人勢必能得到較多工作。任何工作都有期限，而對委託方來說，遵守期限是必要條件。無論工作態度多仔細，委託方都難以將工作交付給會遲交的人。

得到較多工作的人，經驗值終將隨之提高，而且也會為了滿足業主的期待而更加努力。在消化這些案件時，品質也會逐漸提升。換言之，**有機會將拙速轉為巧速**。特別是年輕的時候，工作的責任沒那麼重，體力也還很旺盛。建議大家不要猶豫，透過拙速累積實力。

「故兵聞拙速，未睹巧之久也。」

（第二章　作戰篇）

（在戰爭中，曾有戰術不佳但以迅速取勝的案例，卻從未有完美的持久戰。）

給現代人的《孫子兵法》絕招

準時但不夠精細的報告，勝過完美卻遲交的報告。

2 比起獲勝，不要輸更重要

◆防禦才是最佳攻擊

「兵法」這個詞或許會給人用計欺敵、挽回劣勢，一舉逆轉勝的印象。的確，在電影和寫實漫畫等作品中登場的諸葛孔明，很擅長發揮這種奇蹟。

然而《孫子兵法》可不同。《孫子兵法》將順利取勝視為唯一且最大的目標，談的是最管用的正面進攻方式。

「不可勝在己，可勝在敵。故善戰者，能為不可勝，不能使敵必可勝」（第四章 形篇）就是一個例子。這句話的意思是：該如何讓敵軍無法戰勝我軍，要靠我軍自身；而我軍能否戰勝敵軍，則要視敵軍。因此善戰者，能創造不被敵軍戰勝的態勢，但無法創造我軍必能贏過敵軍的態勢。

相較起「獲勝」,「不要輸」更加重要。如此一來，無論敵軍實力如何，也能靠一己之力立於不敗之地。東北樂天金鷲隊前教練野村克的名言「有不可思議的勝利，沒有不可思議的失敗」道理亦同。

對觀眾來說，毫無防守的對戰的確十分精彩，但對當事人來說風險卻非常高。當遇到強勁的對手時，應該徹底防守對手的強烈攻勢直到比賽結束，還是應該等待對手疲於攻擊時趁機反擊，才稱得上是善於比賽的人呢？

常有人說攻擊就是最佳的防禦，但《孫子兵法》則認為防禦才是最佳的攻擊，最後成果如何端看自己的能力。

每當以這個觀點環顧周圍的商務人士，我常會感到遺憾。商場的環境與戰場、運動場固然不同，但我仍認為他們把一切想得太簡單了。

即使再基礎的工作，每個人都各自有擅長、不擅長的領域。問題在於許多人都認為攻擊就是最大的防禦，希望透過加強擅長的領域，去彌補自己較弱的部分。以英文很好，卻常遲到的員工為例，可能會認為「我將自己的英文能力貢獻給公司，所以稍微遲到一下，公司應該不會追究」。然而，這個想法真的能合理化遲到這件事嗎？

身為社會人士，就必須遵守一些規則和禮儀，並具備基本的常識。無論再怎麼優秀，只要沒達到上述的基本條件，就會失去信任。會因此受到最大損失的，往往是本人。**改善自身缺點、整頓好防守陣勢，就是在公司中找到最佳定位的訣竅**。

◆從三十分到五十分，遠比從九十五分到一百分簡單

年輕的時候，我們更應該有這種自覺：我們常常想要一展長才，最後卻會給周遭的人添麻煩。

松下幸之助就曾說新進員工加入有時會為公司帶來負面影響，並說了以下這段話。

「無論一個人資質多好，剛從學校畢業進入職場時，因為完全沒有工作經驗，勢必需要前輩的教導與帶領。在手把手地教導之下，才能漸漸學習到該如何工作。

也就是說，前輩在這段時間需要耗費許多心力，自己的工作效率也會跟著降低。如此一來，當毫無工作經驗的新進員工加入，負責教育訓練的前輩工作效率也會降低。對公司來說，約莫會減少一個人力。（以下省略）」（《經濟談義》PHP研究所）

反過來說，公司所歡迎的新進員工，就是不會麻煩到人的員工。也就是「整頓好防守陣勢的人」。除了必須具備最起碼的禮儀之外，也必須快速學習旁人的工作方式，以及公司內部的規則。

遵守這些基本條件其實一點都不難。這道理就有如比起從九十分的科目進步到一百分，從三十分的科目進步到五十分要來得輕鬆許多。

雖然以感受上來說，努力達成前者也許會感到比較開心；但以CP值的層面來說，後者絕對比較高。而且能夠克服弱點，也會讓自己在心境上輕鬆許多。

因此當平均分數提升，不僅能得到上司及旁人的信任，大家也比較放心將工作交付給你。對商務人士來說，這就是所謂的加強防禦吧！

◆過於正向思考

然而，現實生活中，很少人能如此冷靜地自我分析。一個主要的原因，就在於過於正向思考。你是否曾在失敗時告訴自己「忘掉這些煩人的事吧」、「既然我已經努力過了，那也沒辦法」，想快速轉換心情呢？

正向樂觀固然重要，但這和漫不經心只有一線之隔。若遇到什麼事都採取「都是因為〇〇才會失敗」、「只是剛好時機不對罷了」等態度，並置之不理、把責任推給外在因素，只會讓狀況變得更糟。長久之下，身邊的人也會不想再提供幫助與意見，甚至開始對你漸行漸遠。到最後不僅沒學到東西，也無法成長，只會重蹈覆轍。

以《孫子兵法》的觀點來看，會失敗（＝輸）的原因只有自己。多花一些時間反省、檢討，不僅是好事，也是改進自己的機會。

《孫子兵法》中還有一段話**「是故勝兵先勝，而後求戰；敗兵先戰，而後求勝」**（第四章 形篇）。意思是必須先做好準備、不斷查證，唯有確定有勝算時才接受戰鬥。換言之，戰鬥開始前便大勢已定了。若不確定是否能取勝，應該盡全力迴避戰鬥。

事實上，無論個人還是組織，大多數的失敗都源自於急於交戰，用「不試怎麼會知道？」的氣勢壓過審慎思考。

而且失敗的人大多無法下定決心撤退。其實一旦開始實戰，就會發現「這樣不可能贏」、「不應該選擇戰鬥的」。然而，即使陷入苦戰，仍會持續想著「不可以示弱」，並不斷催眠、鼓舞自己，最後落得損失慘重的下場。其中最血淋淋的例子，大概就是太平洋戰爭時，明明毫無勝算、卻堅持挑戰美國的日本吧！

這整個過程中，最缺乏的就是管理意識。由於有「反正是公司付錢」、「反正是上司要我做的」這種想法，導致行動時缺乏責任感。即使不是主管，仍應具備綜觀局勢的能力。在無論是組織還是個人之間都競爭激烈的現今，這個能力更是愈發重要。

就連必須承擔全責的經營者，在遇到業績惡化時，也常常會變成無頭蒼蠅。為了讓業績起死回生，隨隨便便就展開新事業，讓傷害擴大。而這麼做只會導致狀況雪上加霜。就為了不要讓自己看起來很失敗，也許反而會讓原本的一線生機也消失無蹤。

◆跳脫常規思考的迴圈

《孫子兵法》中有一句話**「善用兵者，修道而保法」**（第四章 形篇），意指必須判斷情形時，不應受到當下的情緒或直覺感受影響，而是應該運籌帷幄，做好充足的規畫。

就像在打仗前，必須先算出所在地與戰場之間的距離、可運送的物資量，以及能送上戰場的士兵人數。比較過敵軍與己方兵力的差異，確定有勝算後再開始行動。此即**「兵法：一曰度，二曰量，三曰數，四曰稱，五曰勝」**，這種謹慎的做法，可說是一種勝利方程式。

這套思想也適用於現今。比方說，一本年代久遠、由麥可・路易士所著的小說《魔球：逆境中致勝的智慧》曾蔚為話題。大多數人記得的應該是由這本書改編而成，並由布萊德・彼特主演的電影《魔球》。

這本書描述美國職棒大聯盟球隊奧克蘭運動家的故事。奧克蘭運動家的球員總年薪，約只達豪門球隊洋基隊的三分之一，屬於大聯盟的三十個球隊當中球員收入極低的球隊。即使如此，他們的表現卻曾在某個時期大幅進步，甚至成了季後賽的常客。

會有如此大進步的主因在於，他們徹底改變了選手評估制度，用較低的年薪招攬了許多有利於比賽的選手，並打造了一套獨特且合理的計算方式，提高投資效率。只不過自此之後，其他球隊也引進了同樣的計算方式，他們也因此失去了優勢。

我們也應該將這個想法帶入日常生活中，重點在於跳脫常規思考的迴圈。**特別是白領工作，即使耗費成本與時間，也不代表能得到成正比的結果。**

當過去一路攀升的表現開始趨於平緩，就應該改變方式，甚至考慮撤退；反之，即便目前表現持平，未來仍可能因某個契機而好轉，也許應該考慮花費更多成本與時間在上面。無論如何，最重要的還是要透徹分析局勢。

大家也可以試著比較看看，同等時間下，使用電腦和手機獲得的資訊量，與讀書獲得的知識相比，哪一方所花的時間才算有效利用，哪一方又比較有益於自己成長？我想結論會讓所有人都驚訝不已。

即便在讀前一百本書時會花上許多時間，但當你讀到五百本之後，就會發現自己的閱讀速度變快許多，之後讀再多本也不費力了。透過增加閱讀量，能使閱讀速度以加速度成長。若你使用電腦與手機的速度不變，某天你將會發現，每小時所能吸收的資訊量出現了逆轉。

◆透過綜合學習磨練能力

重要的是著眼點。方才舉的例子「手機VS讀書」很好理解，但其實工作多半無法如此簡單地比較和檢討。

有時候在我們看重的事情之中，會摻雜著一些我們認為毫無用處的事；相反的，有時乍看之下不重要的事物，說不定具有能讓我們成長的養分。重要的是我們必須學會不受表象影響，看清事情的本質，並學會數值化，擬定出計算公式。為了在這個充滿窒息感的時代找出解套方式，無論從事什麼工作，都必須具備這個能力。

其實學校教育中的「綜合學習」，就是意識到這個問題後所發想出的解決之道。讀寫、算數的能力固然重要，但我們也必須學習如何以管理的角度看待事情、培養擁有判斷狀況的能力。過去的學校教育從未教導學生這些觀點。

舉例而言，可以讓孩子自己策畫一場露營。舉辦露營必須考量參加人數，並計算需要準備多少食材。另外還必須規畫這些食材該由誰準備、該在何時準備，以及晚上可以企畫什麼活動、為了因應雨天又該準備什麼東西等等。一開始策畫，便會發現有許多必須考慮的事。在這個過程中，雖然也需要使用計算能力，但在此之前必須先知道該如何計算，以及如何事先組織。預想各種狀況的過程中，也能培養孩子們的管理能力。這便是學校期望透過綜合學習達到的目標。

一所位於長野縣伊那市的小學，曾試著讓孩子們飼育牛隻。養兔子和鳥類就已經夠辛苦了，更別說是牛。牛不僅體型龐大，飼料量也非常可觀。孩子們簡直每天都在奮戰。這個活動想必能大大刺激到過去未曾使用的大腦區塊，可說是教育意義非凡。

然而，綜合學習竟被納入「寬鬆教育」的一環。大家無法理解其真實用意，誤以為綜合學習是輕鬆的時間，實在令人深感遺憾。

這個時代愈來愈重視綜合學習所帶來的能力。除了學校之外，希望職場上也能增加相關教育的機會。

「不可勝在己，可勝在敵。

故善戰者，能為不可勝，不能使敵必可勝。」

（第四章　形篇）

（該如何讓敵軍無法戰勝我軍，要靠我軍自身；而我軍是否能戰勝敵軍，則要視敵軍。）

給現代人的《孫子兵法》絕招

不應一味地拓展長處；而是應該補足缺點、提高平均分數。

3 學習管理「勢」

◆提升士氣是自己的責任

組織中時常會散發一種死氣沉沉的氛圍。原因可能是工作內容一成不變、成績沒有進步，或是士氣低落等狀況。然而，我們總把這種情況視同天氣，認為自己無法改變任何事。因此多數人會選擇袖手旁觀，期待某一刻事情自行出現轉機。

《孫子兵法》中直接否定了這種想法。**「故善戰者，求之於勢，不責於人，故能擇人而任勢」**（第五章　勢篇），就在說明靠自己得到「勢」的重要性。

《孫子兵法》中所舉的例子也非常巧妙。**「木石之性，安則靜，危則動，方則止，圓則行」**（第五章　勢篇），意思是將木頭與石頭放在平地上，則會靜止不動；但若將其放在斜坡上，則會順勢滾動。若是方形則會靜止不動；若是圓形則會滾動。說明了其實我們能有邏輯地管理勢。

《孫子兵法》會有這番見解是有原因的。當時的軍隊中以農民兵居多。想當然耳，無論是士氣或戰鬥能力都不高。若要建立強盛的軍隊，就只能靠勢的加持。

這種狀況與現代公司組織不謀而合。工作上，重要的還是團隊合作。光靠少數幾名特別優秀的員工，也只是孤軍奮戰，無法組織厲害的團隊。然而很遺憾的，我們不一定能讓所有員工都對工作充滿熱情。就算不至於像農民兵一樣慘烈，但團隊中總有戰鬥力較弱的成員。若想讓所有人團結、產生氣勢，就必須將平面變成斜坡，並讓每個人都從四角形變成圓形。

既然如此，誰必須接受這項重責大任呢？一般而言，自然會覺得由上司或領導者來擔任，但其實這麼做還不夠充分。畢竟上司和領導者不是千里眼，因此中間還需要有年輕、中堅員工將下意上達。如此一來，便能打造堅強的團隊。而身為組織的一員，至少應協助維持團隊的士氣。

不過，很少人會自覺自己正在拖垮組織的士氣。**大多數的人都會認為「我雖然沒有士氣激昂，但也不算太消沉，應該屬於中間值」，但愈是這麼想的人，其實愈容易拉低整體士氣**。

若所屬組織的士氣高於自己，應該感謝旁人的帶動；若所屬組織的士氣低落，則應該反問自己是否也有責任。

與其說這是《孫子兵法》的教誨，不如說這是我與眾多學生接觸後得到的感想。

◆組織工作小組

《孫子兵法》中也提到提升團隊氣勢的具體方法，其中一個便是**「凡治眾如治寡，分數是也」**（第五章　勢篇）。也就是將整體劃分成小組，明確定義每個小組的職責，然後只要如治理小組一般治理大軍即可。

現代的足球界也有人實踐過這個方法。一九八〇年代，義大利知名足球隊ＡＣ米蘭的阿里戈．薩基教練，為了牽制競爭對手拿坡里球隊的超級球星迪亞哥．馬拉度納，創造了知名的壓迫戰術。這個戰術並非用來圍堵馬拉度納，而是在他的前方製造壓力，藉此把球搶走。這個戰術出現之後，為全世界的足球風格掀起了巨大的變革。

值得一探究竟的，是這個戰術的練習方式。薩基教練將球員關在柵欄中，督促他們訓練，並不讓他們休息。其中包括馬可．范巴斯滕這樣的世界級球員也必須加入練習，沒有例外。據說當時他感到困惑不已，甚至認為教練瘋了。

薩基教練之所以如此徹底執行這個戰術，是為了讓球員的身體能在無意識的狀態下自主移動。只要在狹小的空間中反覆練習，並能掌控全場，等換到寬敞的球場實戰時，就能臨危不亂地表現了。

雖然用不著把人關到柵欄裡，但其實這個戰術也能運用在平常的工作上。

假設有一個十人的部門，必須共同決定一件事。要整合所有人的意見非常耗費時間與力氣。即便讓大家各自分擔作業，若大家對工作的熱情不同，反而會讓作業過程非常沒有效率。

此時，不如試著先找出兩、三位比較積極的員工來訂定大致方向。如此一來，不僅效率較高，也較能提升大家的幹勁。

換言之，就是讓這些少數精英來組織「工作小組」。

「懶螞蟻效應」正好可以驗證這個方法的效果。觀察一百隻螞蟻，就會發現其中真的在工作的只有八十隻，剩下的二十隻通常都在偷懶。但這並不代表排除那二十隻螞蟻後，其他的螞蟻全都會認真工作，其中仍會有兩成（十六隻）螞蟻偷懶。

人類組織也是如此。**只要是會出現「想放鬆」念頭的生物，就勢必有兩成左右的成員會自動休息。不過，將員工拆成兩到三人的小組，就不會發生這種狀況了**。因為兩、三人的「兩成」不到一人，所以沒有休息的空間。這麼一來，就可以活用這個團隊的全部能力。

先由少數人討論、執行作業，也有助於往後擴大勢力。因為討論的過程正是一種事先演練。只要在第三者面前，將自己在組內討論過的內容再發表一遍就行了。

接下來要舉的例子可能和上述所說有些差異。

我常常在能容納一到兩千人的會場中演講，大學入學典禮則有約莫兩萬人的聽眾，但我從未感到緊張或壓迫。時至今日，我甚至還能記得指導大家簡單的體操動作時，彷彿看到稻穗隨風吹拂般的感動。

這並不是因為我膽子比較大，而是因為我時常和幾十人一起開研究會，也常在幾百人的大教室裡和學生面對面，所以早已習慣在眾人面前說話的感覺了。

商務人士也許沒什麼機會在一千人面前說話，但也時不時必須和初次見面的人談判、說明。少數人一起討論的經驗，想必也將對此有幫助。

◆唯有多工才得以生存

要讓工作小隊順利發揮功能有一個大前提，那就是所有成員都必須擁有多工的能力。

當小組的人數少，每個人負擔的責任就會相對變重。但這並非指每個人都要非常優秀，重要的是該如何讓團隊順暢運轉。要達成這點，小組成員之間必須具有相同程度的認知與知識。

若將一堆不同領域的專家湊在一起，不管部門有多優秀，仍可能使整場討論落於雞同鴨講的情形。為了避免這種狀況發生，團隊中最好有同時經歷過多個部門的成員。

就像業務部和製造部之間，往往意見相左、處不來。此時便可以藉由某個議題，從兩個部門中各選幾位成員組成工作小組，調整兩個部門之間的關係。

這個時候，如果大家都堅持自己部門的主張，最後一定無法達成共識。雖然說出彼此真正的意見並找出結論也不失為一種方法，但這麼做的結果往往還是會靠攏有勢力的部門。

若雙方都有在彼此部門工作過的經驗，討論的氣氛必定有所不同。不僅能理解彼此的立場，也能知道對方無法妥協的部分，更容易找出共識。

所以我認為最好趁年輕時多經歷各個部門的工作。雖然每間公司在人事上的方針不同，但對於現在的公司來說，比起只專精某件事的專才，什麼事都懂一些的通才更派得上用場。

舉例來說，公務員轉換職務的頻率非常高，因此必須在短時間內學會新工作。像這樣長時間頻繁轉換職務，十年後大概就能熟知所有部署了。而這也是培養高等公務員的一種途徑。

我認識一間出版社，公司內部的職務調動也是出名的頻繁。同一個人可能幾天前還待在編輯部，某天突然就被調到業務部，過沒多久又坐在總務部的位置上。這麼做的目的，似乎就是想透過讓員工嘗試各種工作，培養出通才。

前幾天，一位我認識的編輯也被調到了業務部。雖然他本人感到很遺憾，不解自己製作了多本暢銷書，為何還會面臨被調部門的命運，但我告訴他**「這其實為你開拓了成為執行長的道路」**。

我還告訴他：「在出版業想累積經歷，不能只懂得編輯書。必須通盤瞭解材料調度、銷售和業務的工作。所以這次的調職，其實是為了讓你更上一層樓。」

我並不是為了安慰他才這麼說的，而是打從心底為他感到開心。

◆以一天為單位運用時間

由小組開始推行，進而推動大規畫的方式，也能運用在人以外的地方。例如：決定預算時，先分配好小型組織的預算，就能將同樣的方法應用在更大型的組織上。曾多次重整藩與農村財政的二宮尊德，也是將復興老家所學到的知識，運用在更大規模的改革上。

此外，也可以將這個方法運用在時間分配上。

一忙碌起來，大家不免會超時工作。除了會影響到自己之外，也難免占用到旁人的時間。因此我建議大家平時就應該先確定好自己的步調，弄清楚在什麼作業上需要花多少時間，工作大概到幾點結束等等。

這時，筆記本就能派上用場了。一般人只會將未來的行程填入筆記本，其實還可以**順手將過去發生的事也記錄下來**。

如此一來，就能以日為單位，審視自己在每項工作上花了多少時間，以及自己擁有多少私人時間。並算出最後花的時間，與當初的預估有多少落差。

每天觀察下來，便能抓到自己的步調，更清楚自己該下工夫、該改善的地方。經年累月之下，將省下很多時間，減少時間的浪費。這個道理就如同製作「飲食日記」，藉由記錄體重與進食，達到瘦身的效果。

◆以團隊為單位給予評價

事實上，不時會有公司來諮詢：「我們公司很死氣沉沉，有什麼改善的方法嗎？」會導致這種狀況的原因其實顯而易見。問題並非出在業績或人格上，而是因為公司以績效主義來給予個人評價。

若想提升個人績效，最簡單直接的方式就是不幫助他人。有空不如拿來自我學習，或為了明天的工作養精蓄銳。為了自己的將來著想，更不應該教導下屬或後輩。

由於公司充斥著這種想法，大家變得只顧各自的工作。職場中不再有閒聊的聲音，空氣中總是充斥著一股殺氣。再加上遠距工作盛行，無法看見每個人的工作狀況，變得更難評價員工的表現。

透過評價來劃分差異，或許是這個時代的趨勢。不是所有人都能接受自己被評得和別人一樣，然而單評個人表現的確不容易。先不論能力，有些工作本來就比較好發揮，有些工作則比較困難。也有些後勤工作就算對公司有貢獻，也難以將成果呈現在數字上。若公司制度只能保障較出風頭的人，絕對無法提升公司內部的氛圍。

因此，不如試著以團隊為單位評價，而不是評價個人吧！

由於與人事相關，執行起來並不容易，但其實仍有不少方法。例如：可以用前述的工作小組作為評價對象；或將部門分成幾個小組，讓他們互相競爭等等。

我在大學授課時，就曾將學生們分為四人左右的小組，讓小組各自研究、報告。當然，對於表現好的組別，我會給組內所有成員高分；而對表現不好的組別，則會一致給比較差的分數。

當我如此宣布後，大家都燃起了鬥志，為了讓彼此拿到高分而拚命討論。有人遇到困難時，也會互相幫助，讓整間教室都充滿了幹勁。

無論最後得到什麼評價，他們都得到了「戰友」這個珍貴的財產。對學生而言，這就是最棒的成果。

職場當然不如大學教室輕鬆。彼此之間不僅有利害關係，還有輩分之分，團隊不一定能有效發揮功能。但只要設定明確的目標與條件，勢必能擺出專業的態度，努力團結起來。不過這部分就要視團隊領袖的想法了。

「凡治眾如治寡，分數是也。」

（第五章　勢篇）

（統治眾多兵力時，之所以能像統治少量兵力時一般條理分明，是因為有將兵力分為小隊編制。）

給現代人的《孫子兵法》絕招

將組織及時間劃分為小單位，以便管理。

4 將逆境轉換為動力

◆在不走運的日子裡，累積沉潛的力量

「危機就是轉機」是大家耳熟能詳的一句話。「只要撐過這段煎熬的時光，就會變得更強大」、「心態可以扭轉一切」等鼓舞人心的話很多，但其實這些話不只是用來鼓勵人。從更理性的角度來看，其實能發現逆境就是機會的枝枒。

就拿我來說吧！直到年過三十，我都沒有一份穩定的工作。大學同學甚至曾對我冷言冷語：「我沒看過像你這麼不愛工作的人。」當時我把所有心思放在研究自己的專業領域上。雖說是自己選擇的道路，但由於看不清前景，無論心境還是經濟狀況都陷入了困境。

但也多虧在那段時期裡，我將大量的時間投入研究，讓我獲得了寫書的機會。我在寫第一本書時，幾乎沒得到什麼收入；但當時我深信這是一決勝負的關鍵，因此彷彿抓住救命稻草般拚命地寫。自此之後，我又寫了很多本書，全都是源自於這個機會。

我把這股力量稱為「沉潛的力量」。身為一名商務人士，不可能總是一帆風順。有時被派到意想不到的部署，有時和上司不合，或是被同事和後輩超越等等。誰都可能遭遇不如意的日子。

若光顧著沮喪、抱怨就太可惜了。既然無法將心力全部投入工作上，不如把多出的時間和力氣用在自己身上吧！

在這種時候，我最推薦的就是學習。學習一種語言，或是取得證照都好，應該抓緊機會認真學習。當生活中遇到不順時，這種方式能當作一個出口，也能幫你轉移注意力，正可謂發揮沉潛的力量。

不僅如此，習得的知識將成為你的一部分，不會輕易消失。當你身處逆境，這將成為你翻轉逆境的動力。正因為有這段不順遂的時期，才能累積此時的力量，一口氣爆發。

這個做法在戰場上也是一種必勝方法。《孫子兵法》中提到了氣勢的重要性，表示**「故善戰者，其勢險，其節短。勢如擴弩，節如發機」**（第五章 勢篇）。意思是善戰者會製造險峻的態勢，一瞬間發揮出蓄積的力量。要得到這樣的態勢，應拉滿弓、蓄積能量，然後一口氣放箭。

確實，**比起重複無數場小型戰鬥，累積氣勢並一次爆發的破壞力將更加強大**。

◆深度學習能讓思想變得更積極

學習最重要的就是深度。若只是買本教科書，每天坐在書桌前二、三個小時，絕對稱不上是學習。

以練習英文聽力來舉例，應該在短時間內重複聽幾百次一樣的內容，而非短短幾十次。還有一種方式，就是規定自己在某段時間內只能接收英文資訊。我個人非常推薦觀看ＴＥＤ的影片，能夠聆聽世界各地的學者、專家所做的發表；也可以試著觀看英文版新聞或聽英文雜誌。投注如此多的能量，想必能學習到許多知識。

若以讀書來舉例，則應該在短時間內閱讀同一作者的十本作品，而非只讀兩、三本。像是彼得·杜拉克的書，或經典必讀的松下幸之助著作等；也可以訂定目標，一次讀完早期作家的所有作品，就像是整個人「浸泡」在書裡一樣。

徹底實行到某個地步後，你就會感覺作者彷彿寄宿在身體的某個角落。這才稱得上是所謂的學習，沒有什麼事能比這個更踏實了。

若當初沒有遇到逆境，就不會得到這種機會。在這段沉潛的時間裡，要將「兵力」擺在哪裡，即考驗你是否具備《孫子兵法》的素養。

所以我經常要求學生特訓。期間約莫二到三週，一天最少要花上十個小時。主題自由挑選，可以是學一種語言，也可以是考證照或減肥。並且以「深度〇〇」為題，在同學面前公布，並開始挑戰。

「你們運用時間的方式過於散漫。就像分散了兵力，學不到任何東西。人之所以能成為一流，就是必須在一定的期間內，集中所有能量去累積實力。就當作自己在修行，試著在短時間內集中心力做一件事吧！這種學習量將使大腦發生變化，最終化為極大的力量。」

我對他們這麼說，並要他們試著實行看看。

社會人士亦同。大家普遍會認為社會人士不如學生有空。但其實下班後到隔天上班前的這段時間，都能自由運用。就像職棒選手在陷入低潮時會進行自我特訓一般，試著轉換看看生活模式吧！這也是一種「拉滿弓」的方式。

◆意志消沉時，就跳一下吧！

想打造一顆正面積極的心，方法不只有學習，從身體上著手也不失為一個好方法。當心情低落或失去幹勁時，不妨試著起身輕輕跳躍三十秒吧！

不需要跳得太高，跳的時候可以一邊吐氣，並以每次一、兩公分的高度小幅度跳躍。想像自己是一架骨骼模型，放鬆肩膀，重點是要同時晃動肩胛骨和手臂，藉此活動筋骨。

如此一來，肩膀和身體都將變得輕盈，低落的心情也能隨之一掃而空。這個動作還能舒緩橫隔膜，讓你更能開懷大笑。試過之後，一定能感覺到身心上的變化。

拳擊手在實際訓練時，也會加入跳繩動作。目的不只是鍛鍊下半身和培養持久力，還能達到舒緩肩胛骨的效果。

其實在小學生身上就能驗證跳躍的效果。小學生精力充沛，總是喜歡跳來跳去的。而正是這些舉動，讓他們能敞開心胸、變得活潑。因此社會人士也應該向他們看齊，找回如小學生般充滿活力的身體。

或是乾脆直接把**「意志消沉時就跳一下」**當作標語記起來。跳動時，最好像唸經一般，反覆複誦「下過雨的土地會變得更加堅固」、《沒有不停的雨》（倉嶋厚先生的暢銷作書名／文藝春秋），或者「太陽終將再次升起」等正面的話語。

如此一來，便能半強迫地將糟糕的心情拋到九霄雲外。比起單純的轉換心情，這種方式也屬於一種戰略。

◆長嶋茂雄和三浦知良受歡迎的原因

有氣勢的人，會自然而然地吸引到人和工作。

雖然年代有點久遠，但職業球員時期的長嶋茂雄就是最經典的例子。球壇上多的是成績優異、技術高超的選手；但長嶋的活潑、正向，以及對棒球純粹的愛，是其他選手所沒有的。而正是那股熱情，讓後樂園球場（現在的東京巨蛋）爆滿，也讓夜間轉播收視率飆高。

足球界中，暱稱King Kazu的三浦知良也同樣充滿能量。年過五十五歲的他仍是現役球員，只要一參加比賽，就能點燃整個球場的氣氛。就算他已無法像當年一樣展現華麗球技，但光是看到他充滿熱情的樣子，觀眾的心情就會跟著好起來。

他們的共通點在於有一套自己的流程。在狀況好的環境下，誰都能擁有好心情。然而，他們就算在惡劣的狀況下，仍能充滿能量，谷底回升。抱著「一定還有機會」的心情，並影響周遭的人，為大家打氣。我想任誰都希望被他們的力量感染吧！這也是他們至今仍大受歡迎的原因。

小孩其實對這種人散發出的能量最為敏銳。新冠肺炎疫情開始前，我曾幫小學生上過課。在我的大學生工作人員之中，他們多半會選擇接近比較活潑的人。或許是因為小孩很活潑，跟比較活潑的大學生會產生共鳴，而不願靠近比較沒精神、表情陰沉的大學生。我想這應該是所謂動物的直覺吧！

其實回顧我們平時的生活，便會發現大人的社會也是如此。我們會傾向挑選有活力的人共事；與比較負面，或只願意處理例行公事的人一起工作，會令人有種精神被耗盡的感覺。

而我們該如何遇到前者這類型的人呢？**這回答也許有些太過直截了當，但最快的方式，其實就是先讓自己成為有活力的人。**

◆先吸引敵人，再出手攻擊

勇於追求自己的志向和願望的人，勢必會散發一種能量。很多人聽到這句話，會認為「我也很努力追求夢想啊……」。**然而，我認為差別在於拉弓的力道不足、下的工夫也不夠**。

《孫子兵法》中並不鼓勵正面突擊的方式；而是提倡**「故善動敵者，形之，敵必從之；予之，敵必取之。以利動之，以卒待之」**（第五章 勢篇）的戰略。意思是用各種形式來挑釁敵人，以餌誘敵，並設下埋伏、一網打盡。

我曾有學生實行過這項戰略，最後順利錄取。當初他非常想進出版社工作，但出版社的錄取人數很少，若正面迎擊，希望十分渺茫。因此他決定自己去拜託出版社「我不收錢，請讓我在這裡工作，什麼雜事我都願意做」，這正是一種拋出誘餌的舉動。

以實際層面來看，出版社多半非常忙碌，多的是雜事需要人來處理。這時只要提出不收錢的提議，對方自然沒有理由拒絕。

最後他成功得到那間出版社的工作。一開始他真的只是一個幾乎沒薪水的打雜工；但他的工作能力受到認同，因此升職成領時薪的員工，最後被錄取為正式員工。現在許多學生也希望進入媒體業，但很少人的行動力和他一樣強。

而他所收獲的也不只是正職員工的身分。雖然一開始他連臨時工都不是，但也正因如此，才能在較放鬆的狀況下親身體驗自己憧憬的出版業界。雖然在這個例子中，他最後仍持續在出版業界工作，但當時他若發現自己不適合這個業界，也能儘早轉換求職方向。這就是有效「知敵」的方式。

而這名學生由於認真工作，不僅得到了出版社公司的信任、員工的認同，也認識了其他公司的工作人員，藉此得到人脈。這兩點對社會人士來說，是最為重要的資產。

即便身為學生，只要有心就能做到這個地步。若是原本就擁有一些信任與人脈的社會人士，應該有更多種解決問題的方式吧！

「故善戰者，其勢險，其節短。
勢如擴弩，節如發機。」
（第五章　勢篇）

（要得到這樣的態勢，就應將弓拉滿蓄積能量，然後一口氣放箭。）

給現代人的《孫子兵法》絕招

只要在短期內讀同一位作者十本以上的作品，就能達到深度學習的效果。

第三章 商務人士的必備策略

1 避開敵人的「實」，攻擊敵人的「虛」

◆社會上並非萬事都一板一眼

某個午後，我在外縣市一間拉麵店裡目睹一件事。下午二點剛過二、三分鐘，有位客人進店裡想點午間套餐，店員直接冷冷地表示「套餐只賣到二點」。

客人再次確認是否真的不能點餐，店員卻回覆客人說「可以單點」。這表示食物其實還沒有賣完。客人有點不開心地表示自己只想點套餐，並離開了拉麵店。

其實店員並沒有做錯，他只是將店裡的規則告知客人而已。但凡是稍微有商業頭腦的人聽完，應該都會感到不可思議。只要稍微變通一下，客人和店家就能賓主盡歡，客人說不定還會成為回頭客。然而，這間店卻錯失了這個機會無論面對什麼工作時，墨守成規的處理方式都不會順利。雖說任何事都有其限制，但仍需盡可能有彈性地和客戶、廠商溝通。這聽起來很理所當然，但其實有許多人缺乏這種認知，還認為自己只是遵守規則而已，完全沒意識到自己的問題。與這種人共事相當不容易。

在生死交關的戰場上，柔軟度就更顯重要了。

《孫子兵法》說**「故形兵之極，至於無形」**（第六章 虛實篇）。無形意即沒有固定形體。我軍應根據敵方軍隊變換陣勢。只要敵方參不透陣勢，就無法使出攻擊，對我軍來說將勝券在握，且如此一來也不會出現重複的陣勢。這招非常符合《孫子兵法》精神，也十分符合邏輯。

商場上亦同，面對顧客或廠商時，必須讓他們感受到己方的氣度。只要能搶先一步察覺並滿足對方的需求，必能提升滿意度。

二〇一九年自大聯盟引退的鈴木一朗在尚未退役時，會預測投手的投法，並根據自己的年齡，每年微調打擊方式。不僅如此，還會設計出每個時刻最適合的揮棒方式。舉例而言，他在加入大聯盟後，就幾乎不再使用讓他在日本聲名大噪的鐘擺式打法了。也許正因如此，他才能年年打出佳績。

對我們來說，最大的難關就是容易過度依賴成功經驗。只要過去推出的商品、服務或系統曾獲得成功，我們就往往不太願意嘗試改變。然而，過去的成功模式並不代表永遠管用。

特別在時代變遷飛速的現今，常常沒過多久，各種商品就失去新鮮感或退潮流了。若不加以調整，只會讓狀況漸漸惡化。

因此，我們不應受過去的成功經驗綑綁，而應認真檢視該如何順勢變化。不只經營者應該學習，對所有需要承擔責任的商務人士來說，這都是一項重要的課題。

話雖如此，這不代表我們可以魯莽地改變。累積一定的工作經驗後，多半會建立一套自己的風格，知道該怎麼做會讓事情發展得更順利。然而，若開始對過去的經驗產生懷疑，勢必會使我們失去自信、萎靡不振。**我個人認為最好的比例，應該是八成以過去的成功經驗為基礎，剩下的兩成留作改良空間**。

◆擊破上司和同事的虛

《孫子兵法》中亦有提到具體的進攻方式。**「兵之形，避實而擊虛」**（第六章 虛實篇）便是其一，意思是避開敵軍優勢、攻擊敵軍弱點。

這也是一種商場上的慣用手段。當推出新商品時，比起加入競爭激烈的激戰區，加入新市場的邊陲區或許較為有利。當然，也有人認為新市場並沒有那麼好找就是了。

此外，這句話也能當作社會人士的處事絕招。但這裡的敵人並非指競爭公司，而是指公司內的上司和同事。

只要仔細觀察，就會發現每個人都有自己的「虛」（弱點）。例如：擅長獨立作業，卻和下屬處不來；或是懂得說話，卻不擅長書寫等等。

此時，**不應拿自己的長處來與對方較勁，而是應該用自己的能力來補足對方較弱勢的部分。如此一來，勢必能成為組織中不可或缺的存在**。換句話說，組織的優勢就在於製造互補關係。

我自己的「虛」（弱點）和「實」（強項）也非常鮮明。我十分擅長授課和演講；但每當必須將演講內容整理並書面化、影印，或是處理事務性工作時，我的效率就會變得非常低。這種時候，我會將事務工作交給自願協助的學生處理。他們可說是填補了我的虛，對我來說是不可或缺的存在。當然，我也不會一味地接受他們的幫助。學生提供我幫助時，會使我們之間的相處時間拉長，他們就可以趁這段時間找我討論畢業論文或就業相關的事。換言之，學生找准了我的弱點，填補了自己的弱項。

此外，我時常需要整理會議等場合中討論出的想法，並決定今後的方針。但由於有太多業務要處理，導致我常常忙不過來，也沒空仔細整理成資料。

此時若有人能幫我處理這些作業，這些想法就能逐漸成形。如此一來，不僅我開心，也能幫到需要這些想法的人（例如：會議舉辦方等等）。

在大學開會時，常有人會幫忙將討論過程即時輸入電腦。當會議結束時，就完成了一份會議紀錄。這份紀錄不僅能當作講者的備忘錄，待下次會議時，大家也可以一邊看紀錄一邊開會，避免浪費時間。這個動作幫了會議出席者很大的忙，因此幫忙紀錄的人就成了會議中不可或缺的角色。

其中又屬年輕人最擅長處理這種作業。只要能簡潔地整理對話，再加上快速打字的能力，便能填補會議出席者的虛，也會更常被要求出席重要的會議。年輕人可以將此當作突破的機會來表現自己，將實手到擒來。

這種行動對組織整體而言，也有相當大的益處。以足球來說，後衛、中鋒、前鋒都必須發揮各自的功能，才拿得到分數。任何工作都一樣，只要大家各司其職，就能彌補彼此的虛，收獲大大的實。

◆挽回劣勢的必殺技——以十攻其一

《孫子兵法》中還提到**「故形人而我無形，則我專而敵分。我專為一，敵分為十，是以十攻其一也」**（第六章 虛實篇）這個必殺技。這也是一個相當合乎邏輯的想法。

假設雙方各自擁有十分的兵力。當敵軍不知道我軍的配置狀態，勢必得將兵力分散，形成範圍廣卻薄弱的防線。然而，若我軍掌握敵軍的配置狀態，便能將兵力都用來集中攻擊敵軍防守較弱的單點。這麼一來，在該區的兵力便會是十對一，我軍勢必得到壓倒性的勝利，也能突破敵軍的防衛。

這招不僅有利於戰鬥，**還有一個重點，就是能自己決定作戰的步調**。

就像在談判的時候，想一次強行通過己方的所有主張絕非上策。應該要篩選出己方不能退讓的底線，較有可能提高突破的機率。如此一來，不僅能集中準備方向，也較容易規畫出談判的方式與時間點。

簡而言之，這樣比較容易掌握談判時不可或缺的主導權。

蘋果公司的戰略也近似於這個方法。作為世界級的大公司，蘋果推出的商品數目卻非常少；但每當推出新品時，就會舉辦隆重的發表會，吸引世界矚目。這種單點突破的風格也可說是蘋果的強項。

特別是當對手占上風，自己的同伴較少、處於劣勢時，這個方法更顯得有效。希望大家都能將以十攻其一這個戰術牢記在心，做足周到的準備、鼓舞己方。

◆寫下失誤筆記，更瞭解自己

另一方面，己方的虛當然是愈少愈好。身邊的人願意掩護自己當然很好，但若一再犯下相同的錯誤，事情可就嚴重了。

為了解決這個問題，不如先試著將自己的失誤視覺化吧！

我在教導國、高中生時，都會告訴他們「真正的關鍵在模擬考結束之後」。公布分數後，往往幾家歡樂幾家愁。

但若只關注在分數上，就失去舉行模擬考的意義了。

模擬考的重點在於確認答案，看自己的弱點在哪種題目，以及自己都錯在哪裡。例如：數學考試中，沒拿到分的原因是不會寫，還是算法對、但計算錯誤？針對不同的錯誤，應採取的對策也不盡相同。而模擬考的意義便在於找出這些對策。

針對錯誤的部分，應該想出一套適合自己的解決方式，並記錄在筆記本上。錯誤的部分，可以用醒目的箭頭標示或圈出來，並在能避免錯誤的方法旁邊標記驚嘆號等等，製作屬於自己的失誤筆記。

當紀錄累積到一定程度後，自己容易出錯的部分就一覽無遺了。

如此一來，便不會再把錯都歸咎於自己太笨，並感到懊惱；而是瞭解到只要不再犯就好，錯誤自然會減少，心態也會變得更加正面積極。不僅如此，還能將這次錯誤中學習到的東西運用在下次考試上。

而工作上失誤勢必影響到他人。發生失誤時，比起深陷沮喪的情緒中，或認為「算了，沒差啦！」而將錯誤拋諸腦後，我更建議大家製作失誤筆記，努力防止再次發生同樣的錯誤。並且應立刻找出犯錯的原因、思考對策，而不是慢慢改就好。

總而言之，**錯誤是讓自己意識到問題的機會**。

許多公司也會在收到客訴時，成立改進委員會，徹底追查出現錯誤的原因。這樣的舉動不僅能提升滿意度，最終也有機會提升企業形象。因此，我認為每個人都可以試試這個方法。

「兵之形，避實而擊虛。」

（第六章　虛實篇）

（避開敵軍優勢，攻擊敵軍弱點。）

給現代人的《孫子兵法》絕招

努力用自己的能力補足上司及同事較弱勢的部分，將成為組織中不可或缺的存在。

2 現代的「風林火山」

◆維護人際關係的風林火山

《孫子兵法》中與**「知彼知己……」**（第三章 謀攻篇）同樣知名的**「故其疾如風，其徐如林，侵掠如火，不動如山……」**（第七章 軍爭篇），也就是我們常聽見的「風林火山」。風林火山由於被武田信玄印在騎兵旗幟上，而廣為人知。

在山的後頭，其實還接著**「難知如陰，動如雷震……」**這段。整段內容的重點在於軍隊應有機動性，懂得臨機應變。

這個戰略其實並不只能用在戰爭時，也能運用在工作上。

比方當發生問題時，若如風一般迅速帶著禮盒去賠罪，帶給客人的觀感想必會好很

多；當公司內部發生派系鬥爭時，也許應該像樹林一般靜觀其變才是上策。若想讓企畫通過時，與其試探性地透露，不如像火一般一氣呵成地說服上司，影響力將更為顯著；即使在談判時被為難，但不能退讓的地方就應如山一般死守不退。無論在什麼情況下，最重要的就是迅速判斷並做出行動。

工作上的問題與人際關係惡化常常並行而生。就算失誤已成定局，仍應好好補救，否則將使關係疏遠。若原本關係就疏遠，則更容易發生問題。

因此若妥善處理人際關係，勢必能減少工

作上的麻煩。其中的關鍵就在於真誠與誠實，也就是考驗你待人處事的能力。如風林火山一般靈活的應變能力，便是一種典範。

◆利用英文網頁，提升收集資訊的能力

為了避免出錯，必須迅速、正確地選擇有益的資訊。雖說世界上充滿了各式各樣的資訊，但其實仍有許多人不懂得收集有用的資訊。

只要有電腦，誰都能查到維基百科。很多基礎資訊都能透過維基百科入手，但願意找出進一步資料的人卻少之又少。

能輕鬆入手的資料，他人多半也能查到，不具太高的價值。因此，在維基百科找到基礎資訊後，應根據基礎資訊深入挖掘。例如：搜尋相關的報章雜誌和書籍，或是詢問可能瞭解相關議題的人，方法數之不盡。與其說是技術、能力的問題，我認為這與

個人求知慾的關係更大。

最能區隔資訊深淺之處，就在於是否積極使用英文網頁搜尋。無論是社會人士或學生，多半都只瀏覽自己國家語言的網頁。可能是因為英文不好，也可能是認為英文資訊與自己無關，但我認為這種做法實在非常可惜。

英文網頁的數量龐大，即使工作範疇主要在出身國家，也不表示國外的資訊就不值得參考。畢竟經濟全球化，與英文毫無關係的業界反倒比較少見。

而且網頁中所使用的英文實用度高，並不困難。很少有文句會像東京大學入學考一樣長，光一個句子就出現三、四個逗點。若你能看得懂英文試題，就能讀懂網頁上大部分的內容。就算一開始看不太懂，等習慣後就會漸漸看懂了。

不看英文網頁，等於限縮了自己接收的資訊量；相反的，**若身邊只有自己用英文網頁收集資料，就能在資訊量的層面上領先他人一步**。而這就端看你是否願意多花一點時間，還有是否有動力擴大搜尋範圍了。只要多挑戰幾次，一定能抓到訣竅。

約莫十年前，我在出席一場會議時，發現隔壁的人早已開好電腦。原來他正事先用電腦搜尋與當日議題相關的網頁，並在會議中提供了許多十分值得參考的國外案例。而他當時看的網頁，正是英文網頁。

這行為聽起來的確富有能幹商務人士的風範，不過現在的網路資源非常完備，只要有心，誰都能辦到。如此主動利用英文網頁查詢資料，也可以稱得上是一種機動性。

◆開會要如《24反恐任務》般迅速

上述的內容都是關於個人的建議，但其實機動性在組織裡更能發揮威力。形容軍隊動作的「風林火山」前文為**「故兵以詐立，以利動，以分合為變者也」**（第七章 軍爭篇）。意指要以欺敵獲取利益為目的，靈活地分散與集合兵力。然而，使詐是商場上的禁忌，因此我們可以將這句話的意思解讀為「有如專業團隊的行動」。

這讓我聯想到一部很久以前非常賣座的美劇《24反恐任務》中開會的一幕。

他們會在必要時刻迅速集合幾個人，短短交談後立刻下決定，然後馬上回到各自的工作崗位。我非常崇拜他們的迅速。由於在開會的當下，事件通常仍在進行中，若公司內部重要的成員一直待在會議室裡不出來，無論下屬還是觀眾想必都會非常頭痛。雖說只是電視劇的情景，但開會的速度也能展現組織的機動性。

日本公司的會議時間向來特別長，而且並非因為討論太過熱烈才停不下來。日本多數的會議中，都飄散著一股沉重的氛圍，而開會本身就會耗費珍貴的體力，因此我認為十分可惜。

不過，也不是所有日本企業的會議都如此冗長。其實資訊業界中的瑞可利企業開會時，就像《24反恐任務》中演的一樣迅速。**根據幾位資訊業界人士表示，他們的會議往往會跨部門召開，並一次召集三至四個人，站著討論並迅速解散**。不僅如此，他們習慣在開會當下把當天決定的事項記錄下來。正是這種機動性和行動力，讓瑞可利企業給人一種奔放的氛圍，也讓他們能創造出更多元的資訊服務。

瑞可利企業的員工在轉職或創業後，旁人往往仍會對其抱持著一股敬意。這也能顯現出公司對於具有機動性的人才多麼求才若渴。

◆用五分鐘提振士氣的腦力激盪

要讓一個普通組織進化成機動性強的團體其實並不困難，只要讓團體中的每個人各自受到某些逼迫或刺激，整個組織就會展現機動性。為此我想推薦一個方法，就是讓所有人習慣進行腦力激盪。

雖然已經有不少組織在實行這個活動，但據我所知，他們都尚未享受到實行腦力激盪的好處。這是因為他們的開會方式完全沒有改變，整場會議仍流於單純的閒聊。

我在大學授課時，主要負責指導想成為教職員的學生。為此我時常將他們分為三至四人的小組，然後要求他們在限定的時間內一起做出教學企畫。最後再要求他們根據那份教學企畫，實際在講台上模擬授課。

他們會提出各自的意見並開始談判，在過程中做出讓步或提出主張。接著開始分配職務，並各自準備、收集資訊。這正是反覆分散與集合兵力的一種表現。

雖然學生願意遵從指令，但若沒有下達指令，他們往往不會主動做任何事。不過若換成了團體作業，就必須為了小組而變得積極。由於人力有限，自然無法事事依賴他人。而且最後必須實踐作業成果，因此一定得提出一個可行的結果。

透過討論，學生將漸漸習得總結的能力，以及熟悉分配工作的方法。這與個人的個性、心情、人際關係無關，而是身為小組的一員，將自然而然養成機動性。

公司中，應該更容易透過小組與任務來分配工作。只要將員工分為少人數的組別，並實施腦力激盪，就可能想出全新的點子。

不過，想讓腦力激盪成功，必須設定幾項條件。例如：將時間設定為五分鐘、一個人的發表必須控制在十五秒內、必須用名字稱呼對方、不能否定彼此的點子、當有人想出好點子時應該拍手表揚、慢慢累積自己的點子等等。最後每個小組必須統整出一個點子，並在大家面前發表。

這麼做勢必能讓現場變得熱絡。**參與者在短時間內想出點子，也能徹底活絡大腦。在別人提出的點子上做變化，將能更有效率地想出好點子**。一旦進入腦力激盪的模式，就能讓點子的傳遞如巴賽隆納足球俱樂部傳球一樣迅速。

如此一來，團隊必定會產生向心力，共同創造出「虛擬大腦」。

只需要短短五分鐘，以及一個適當的題目，無論任何組織都可以嘗試這個方法。而且只要試過一次，任誰都會欲罷不能。非常推薦想激勵下屬的主管試試這個方法。

◆善用公司外部人脈的機動力

腦力激盪還有一個很大的優點，就是能輕鬆拓展人脈。

例如：當部門規模較大時，員工往往只認得出同事的長相和名字等資訊。此時，若將同事分為多個小組舉辦多次腦力激盪，並不斷輪替小組成員，就能在短時間內瞭解更多同事。要是彼此意氣相投，往後甚至有機會一起推動新的企畫。也就是說，不用刻意籌備飯局或設計活動，也能一口氣降低員工之間的距離感。

若部門間的關係變得緊密，對外形象也會更好。我常遇到一種情況，例如：我和某公司的A要討論事情，但同公司的B卻完全不知情。也就是說，A與B之間並未互相分享彼此握有的資訊。

所以我必須把同樣的事再告訴B一次。如此一來不僅浪費力氣，也相當麻煩。若A和B平時關係夠好，就能減少這種問題了。

若是為了達成某個目的而組成團隊，就不必將成員限定在公司內部人員。最近許多公司甚至會視狀況，請能力極強的公司外部人員一起合作。就像製作電影時，會聚集各界的專家組織「夢幻團隊」。這也可以說是一種集合與分散兵力的擴大應用版，而腦力激盪則有助於誘發出成員最大的能力。因此，將來應該會有愈來愈多公司在腦力激盪這類活動中，加入公司外部人員吧！

但無論在什麼業界，能力強的人由於工作委託不斷，總是非常忙碌。想讓能力強的人加入自己的團隊，有三個訣竅。

第一，不僅要認識能力強的人，還必須取得他們的信任。不一定要成為朋友，但至少得向對方好好介紹自己或公司。

第二，必須儘早提出邀請。就算對方這陣子很忙，但愈早詢問，就有愈高的機率能訂下對方的時間。因此必須盡可能提早安排好工作流程。

第三就是必須常備能力強的人才。若A沒空，還有B；B沒空，還有C。只要有源源不絕的候選人，工作上就不會出現問題。

此時，最重要的也是機動性。有時必須去思考團隊的定位，並迅速、準確地找到團隊所需的人才。當目的完成之後，便乾脆地解散。若能做到這點，便能像騎兵般所向披靡。

「故其疾如風，其徐如林，侵掠如火，不動如山……」

（第七章 軍爭篇）

（軍隊如風一般迅速行動，如樹林一般安靜等待；攻擊敵軍時如火一般猛烈，不動時如山一般穩固……）

給現代人的《孫子兵法》絕招

開幾場站著討論的會議，並嘗試舉辦三至四人的五分鐘腦力激盪。

3 簡單思考就能看到希望

◆將崎嶇的道路轉換為捷徑

「Keep it simple, stupid」是一句從美軍用語衍生的俗語，簡稱為「KISS」，意思是「把事情簡化，笨蛋」。當我們把事情想得過於複雜，導致綁手綁腳時，就可以使用這句話來督促自己行動。

人工智慧權威金出武雄先生（卡內基美隆大學教授）就曾以對談者的身分，在職業棋士羽生善治先生的對談集《簡単に、単純に考える》（PHP文庫）中介紹過這句話，並指出「KISS」是一種工程學的基礎思考模式。

根據這場對談，羽生先生做出了以下論述：

「下將棋時，大膽進攻非常重要。即便局面看似危險，只要看清局勢就不需畏懼。就像過去武士在比武時，就算對方的刀鋒已經劃到鼻尖前一公分處，只要掌握局勢就無需害怕；反之，若因懼怕而表現得畏首畏尾，不僅耗時，也等於給了對方逆轉的機會。因此我認為KISS這句口號非常棒，能應用在將棋以及任何事情上，讓人充滿勇氣、感受到人類的無限可能。」

除了軍事外，也許在面對商場、科學技術等領域以及賽事時，都必須回歸簡單思考。雖然上述的各個領域都相當複雜，但有時考慮太多，將難以切入重點。最重要的是如何透過取捨去蕪存菁，留下真正重要的東西。

約二千五百年前寫下的《孫子兵法》中所記載的**「以迂為直」**（第七章 軍爭篇），亦為類似的概念。

《孫子兵法》十分重視地點。

萬一發生戰爭，是否能搶先敵軍到達戰場，將左右整場戰爭的勝負。若先抵達戰場，便能先整頓陣勢，在等待敵軍的期間休息。待疲憊不堪的敵軍抵達戰場後，便能一舉進攻。因此只要在地點上取得優勢，勢必對戰情有利。

然而，有時免不了會遇到延遲出兵，或路程崎嶇的時刻。若軍隊規模龐大，行軍速度更慢。就算想趕路，礙於每個人的體力有落差，再加上運送軍需等原因，還是難免拖長軍隊隊伍，最後到達戰場時士兵也已疲憊不堪。

這時不如反其道而行，不要行軍，而是將敵軍引來臨近己方的戰場。簡而言之，就是將崎嶇的彎路化為筆直的捷徑。只要把「必須率先抵達戰場」當作前提，勢必能導出這個結論。

KISS和以迂為直分別是來自世界最強軍隊與世界最古老兵書的勸誡，自然有其可信度。雖說KISS簡單好記，但**以迂為直**聽起來更富格調，各位不妨將這句話牢記在心。

談到職場上以迂為直的例子，我認為「會前商議」便是其一。

在公司等組織中，會前商議常是左右事情成敗的關鍵。比起事情的對錯，是否有事前商討往往才是關鍵。

在會議開始前，先知會比較難以說服的人（無論是公司內部或外部），就像將彎路改為直路。若在會議中才突然提及，有些人會認為自己沒有事先收到知會，因而感到生氣。對於這種人，會前溝通就更顯重要了。

其實也不一定要會前商議這麼大費周

章。只要稍微知會對方這次會議將提出的議題，就能緩和對方的情緒。短短的事前溝通，就能達到以迂為直的效果。

◆速度導向的思考

日常生活中，我們其實也可以警惕自己要「重視速度」。雖然我們很幸運地沒有身處戰場，但「時間」依舊是決勝負的關鍵。

我想大家都非常清楚，無論從事什麼工作，下決斷與行動時都講求迅速。無論是顧客、還是合作廠商，想必都偏好迅速的作風。

然而身處資訊爆炸的時代，組織架構與人際關係日益複雜。為求嚴謹，有時不得不花更多時間思考。不僅如此，若只會正面解決事情、不懂變通，時間絕對不敷使用。結果花一堆無謂的時間，卻毫無效益可言。

其實有一個解套方式，就是從一開始就對自己設下時間限制。如此一來，就會被迫必須簡單思考並採取行動，遠比陷入無謂的思考要好太多。

做決定之前，務必先綜觀全局。在瞭解局勢的狀況下，把選擇限縮至兩到三個。這樣就能推算出在做決定時，需要得到什麼資訊。

擁有充足的資訊後，就不要拖延，果斷地做出決定；若資訊尚有不足，則確認是否能取得資訊，並評估需要耗費多少時間來收集。許多時候都是因為這個部分沒有確認清楚，導致一拖再拖而無法做出決斷。

做決定的速度快，對顧客與廠商來說很有吸引力。

即使無法在現階段立刻做出決定，只要做出說明，如「有三個選擇」、「等得知〇〇的部分後，我們就能做出結論，還需要花〇〇天」、「希望您告知〇〇的相關資訊」等，對方心裡也能有個底。就像在捷徑旁樹立標示，至少不會將對方引導至彎路，或讓對方在路途中迷失方向。

◆分享危機意識

這種時候，必須讓身邊的人都擁有共識。許多工作必須透過組織推動，因此光是自己效率高也沒意義，全員都必須有相同的認知與目標。

《孫子兵法》也十分重視軍隊的管理，指出**「故晝戰多旌旗，夜戰多金鼓。夫金鼓旌旗者，所以一人之耳目也」**（第七章 軍爭篇），意思是白天作戰時應使用旗幟；夜間作戰時則應使用金鼓。有了金鼓、旌旗，便能統一士兵的耳朵和眼睛。

如前面章節所述，當時的士兵多為農民兵，因此戰鬥能力、士氣都十分低落。當必須率領經驗淺薄的軍隊得到勝利時，將軍的能力和智慧就更顯重要了。

以現代的職場來說，大概沒什麼機會帶領到如此缺乏經驗的團體。不過光是擁有相同的認知和目標仍顯不足。人員在從事各自工作的同時，團體之間仍應相互配合、協調，以做出成績。因此每個人都必須具備一定的能力。

這個概念其實很類似踢足球時的團隊合作。小時候踢足球時，往往所有人都圍繞在球旁邊，一心只想著要踢到球，毫無戰術可言。

反觀現在長大成人後，即使不是足球運動員，都知道應該盡可能運用空間。例如：控球者以外的球員該怎麼走位等等，這些策略都將深深影響著比賽結果。**雖然大家乍看之下是在分頭行動，但只要每個人都掌握整體策略、善盡自己的職責，並維持住士氣和專注力，就能達到打造強隊的條件**。

日本過去處於經濟高速成長期時，正可謂處於上下一心的狀態。大家都眾志成城，希望在東京奧運前，達到新幹線運行、首都高速公路開通等目標。會有如此想望，想必是因為當時正值戰後，大家都迫切地想要重新站起來，並認為只要全國齊心協力就能達成目標。而正是如此不惜「一億玉碎」的精神，實現了「一億總生產」的目標。如大家所知，最後的成果也震驚了全世界。

再看到東日本大震災後的日本，不僅復興速度緩慢，也缺乏高速成長期時的專注。現在的技術明明更進步，也有足夠的金錢，卻仍無法有效利用這些資源。

我認為最主要的原因在於日本舉國上下，都缺乏面臨緊要關頭的危機意識。由於長期處在和平的氛圍之下，我們似乎還難以切換為戰鬥模式。因此，當務之急是培養危機意識與對事情的期盼。對當今的日本來說，「一人之耳目也」就顯得非常重要了。

◆為對手留好後路

《孫子兵法》中提到**「無邀正正之旗，無擊堂堂之陣……高陵勿向，背丘勿逆，佯北勿從」**（第七章 軍爭篇），意思是不去迎戰軍備整齊、部署周延的敵人，也不去攻擊軍容強大的敵人……面對占領高地的敵軍，切勿攻上；面對背靠丘陵的敵軍，切勿迎擊；若敵軍佯裝敗退，切勿追擊。

簡而言之，面對強敵或氣勢如虹的敵軍時，不應正面迎擊。更不應該抱有魯莽的心態，認為一不做二不休，只管做就對了。這種缺乏謀略、滿腦子想一決勝負的想法，不僅稱不上美德，更是無能的象徵。若要用一句棒球術語來形容真正具有策略的談判方式，大概就是「故意四壞球保送」了吧！

這其實也是我們在職場上時常會使用的手段。例如：遇到不利於己方的談判，就刻意拖延時間；遇到強勁的競品時，則盡量不要重疊到販賣通路。這種理性至上的做法，便是《孫子兵法》的魅力所在。

「歸師勿遏，圍師必闕」（第七章 軍爭篇）這句話也富有含意。即便已將敵軍重重包圍，仍務必留一條後路。若敵軍欲退回本國，亦不應繼續追擊。這麼做並非出自於道義，而是因為狗急會跳牆。當敵軍窮途末路，很可能反而會奮力一搏、背水一戰。因此適度地放人一條生路，反而更容易得勝。

即便談判狀況對己方有利，也不宜要求對方在當下做決定。因為如此一來，對方也會有所防備。此時不如建議對方回去好好思考，才能讓事情圓滿收尾。

就算會議當下某人說錯話，考慮到未來仍需繼續相處，也不應當場把話說破，而是應該採取委婉的說法。例如：以「雖然也有這種說法，不過……」開頭，作勢接受對方的論點，但同時提出反證，讓當事人發覺自己的錯誤。愈是經驗豐富的商務人士，愈懂得拿捏其中微妙的分寸。

《孫子兵法》中還有一些對戰事有利的小訣竅。例如：**「朝氣銳，晝氣惰，暮氣歸」**（第七章 軍爭篇）。意指敵軍在初戰時也充滿精力，但中途會漸漸怠惰，到最後則士氣衰竭。因此應該挑在戰鬥中晚期再開始出手攻擊，會比在初戰時刻攻擊更具效果。

「圍師必闕。」
（即使包圍敵軍，仍應留一條路讓敵軍逃跑。）
（第七章 軍爭篇）

給現代人的《孫子兵法》絕招

即便談判狀況對己方有利，也不宜在當下立刻逼對方做決定，而是應該讓對方回去好好思考。當會議當下有人說錯話，也不應當場說破。

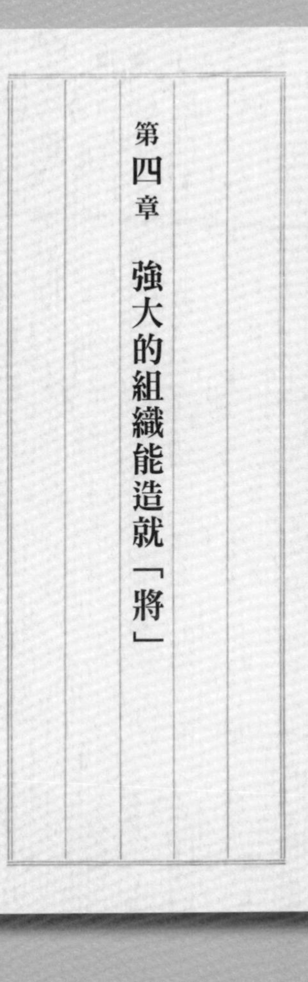

第四章 強大的組織能造就「將」

1 透過聊天能力，抓住下屬的心

◆不應對人抱有過高期待

假設你正在準備一場重要的發表。若發現內容有不足之處，想必會在正式發表前設法彌補。應該不會有人不僅不補救，還老神在在，覺得一定不會被問到有漏洞的部分，或認為自己能打混帶過吧？畢竟這是身為社會人士應該具備的認知。

《孫子兵法》也完全否定僥倖心態。**「故用兵之法，無恃其不來，恃吾有以待之也；無恃其不攻，恃吾有所不可攻也」**（第八章　九變篇），意指不應預設立場認為敵軍不會來，而是應該做好充足的準備；不應僥倖地認為敵軍不會攻擊，而是應該嚴陣以待，讓敵軍無法攻擊。

進一步解讀，我認為這句話也有**「不應對人抱有過高期待」**的含意。這麼聽來也許有些負面，但事實則不然。提倡「個人獨立」的福澤諭吉，在其著作《勸學》（岩波文庫）中，寫下了十分嚴厲的一段話。

「缺乏獨立勇氣的人，勢必依賴他人；必須依賴他人者，勢必畏懼他人；而畏懼他人者，勢必諂媚他人。時常畏懼、諂媚他人後，勢必習慣於此。其臉皮必變得如鐵一般厚，該感到羞恥時不以為恥，該主張時不主張，見人便鞠躬哈腰。」（三編）

吉田兼好也在《徒然草》中寫到「不可萬事仰仗他人。愚昧之人正因為對事物抱有極深依賴，**才會感到憤恨**」（第二百十一段）。如果對人抱有過度的期待、依賴，當事情不如預期，便容易產生憎恨和憤怒。因此從一開始便不該抱有過高的期待。

職棒也是如此。當第四棒打者有機會一棒逆轉，卻未打出安打時，球迷往往會產生一種很強烈的失落感。即便那位打者的打擊率超過三成，仍會受到嚴厲的批判。甚至將打者貼上負面標籤，說打者抓不住機會。雖然這也是看比賽的樂趣之一，但這些評價卻稱不上公允。

對教育工作者來說，這也是切身之痛。老師都很關心自己的學生，為了激發學生的潛力，從不吝於給予指導。然而若對資質只有十分的學生，抱有二、三十分的期待，就是有欠思慮了。一個勁地激勵學生、告訴他們「只要努力就一定辦得到」很容易，但這些話可能會使他們承受更多壓力。

在評估該如何指導學生時，最重要的就是保持冷靜。首先要摸清楚學生的實力。若學生的實力有十分，就給予指導，讓他有機會進步到十二、十三分。若最後他進步到十五分，就給予鼓勵。然而，若他仍然只有十分，也不應責備。這正是出於教育心理上的考量。

在公司中指導下屬及後輩時，也必須抱持這種態度。一股腦地逼迫下屬達到業績，其實是毫無意義的行為；然而採取放任主義，也無法使下屬成長。因此主管必須掌握每位下屬的能力，分配相應的工作，並交付任務。至於該如何拿捏其中分寸，想必是大家最煩惱的問題。

◆只會當好人，不夠格擔任領導者

其中最重要的就是溝通能力。

《孫子兵法》中提到**「卒未親附而罰之，則不服，不服則難用也」**（第九章　行軍篇）。若將軍在士兵尚未親附時便下令責罰，將使士兵不服；若士兵不服，則難以用兵。也就是說，空有位階、只會下指令，將難以統領下屬。至少能確定這樣的關係缺乏心靈交流。可想而知，也不應直接對下屬說「我對你不抱什麼期待」。即便對方的缺點有多刺眼，也不應逐一點出並數落。

特別是最近時有耳聞，很多年輕人只是被稍微嚴厲地唸幾句，就不願意來上班，或對主管心生怨恨。比起被數落的內容，他們更注意主管的說話方式。甚至認為會提不起勁是因為主管講話方式有問題，或抱怨主管不懂得做人處事。會有如此現象，或許是基於難以承認自己的缺點和錯誤，才會透過責怪主管來正當化自己的錯。對於不得不指導下屬的主管與前輩來說，這實在是個痛苦的時代。

無論你真正的想法為何，面對這種情形時，可以刻意將重點擺在下屬好的一面，並表現出自己對下屬的期許。就算最終結果失敗，仍必須冷靜地接受現實，繼續給予鼓勵。在面對公司中的上下關係時，是允許有兩套做法的。

但這不代表我們只需要對下屬和藹可親就好了。關於對待下屬的方式，《孫子兵法》中也有精闢的說明，**「諄諄翕翕，徐與人言者，失眾也；數賞者，窘也」**（第九章行軍篇），意指**若將領對士兵低聲下氣，則將失去人心；動不動就犒賞士兵，則表示將帥束手無策**。

這種軍隊勢必不會強盛。若因為害怕失去人心，而無法拿出強硬堅持的態度，就是領導者的能力不足，而下屬也都會看在眼裡。

◆上司、前輩必須擁有閒聊的能力

那究竟該怎麼做才好呢？

關於這點，《孫子兵法》中也有正確答案。**「故令之以文，齊之以武，是謂必取」**（第九章 行軍篇），意指平時應以文治，但士兵違反規則時，則應用軍紀斷然懲處。如此一來，便能使軍隊團結一致。

這段話可說是真知灼見，但我們應該格外關注「文」，也就是柔性的做法。

過去日本經濟強盛時期，公司內的氣氛就像家一樣，都十分瞭解彼此的個性與家庭。當工作結束後，大夥會一起去喝一杯；公司也常舉辦員工旅遊和運動會。這些交

流都會使員工對工作產生幹勁，並對組織產生歸屬感。因此就算受到較為嚴厲的指教，也願意聽進去。

但我個人認為有更簡單的做法，不用舉辦各種活動便能加深交流。那就是重視職場內的閒聊時刻。

只是閒聊的話，就不會造成任何負擔。比方說，可以挑在會議結束、在走廊擦肩而過，或是在遠距開會的空檔時間聊。無論是興趣、運動、家人的事，都可以當作話題。不僅如此，必須學會由自己搭話。增加這些無傷大雅的對話，就是培養感情的第一步。不斷累積之下，就能漸漸讓彼此的感情更深厚。

我的老家曾經營一間小規模的公司，因此我對這個方法相當有感觸和共鳴。當時公司員工之間的關係，就像溫暖的典型昭和家庭一樣，彼此於公於私都有很深的交情。像是孩子出生、開始上學，甚至是畢業，都會一起慶祝；甚至還會介紹租屋處和結婚對象給年輕的員工。而這些互動都與提升工作士氣息息相關。

然而，現在的時代已經不同以往。若詢問過度私人的問題，容易招致性騷擾和職權騷擾的嫌疑；但老問些相同的問題，又會被認為太健忘。**因此未來的領導者，需要擁有不過度疏離，卻又不過度親暱的提問能力**。

但與此同時，仍必須展現主管的威信。雖然當個親切、善解人意的主管不是壞事，但可千萬不能成為散漫的主管。正如《孫子兵法》中所說，當下屬違反規則，或沒能遵守約定時，若採取過度寬容的態度，將使整個部門的氛圍都漸漸變得散漫。因此無論下屬有多優秀，仍應保有揮淚斬馬謖的嚴格態度。

「故令之以文，齊之以武，是謂必取。」

（第九章　行軍篇）

（平時應採取柔性管理，但若違反規定則應斷然懲處，如此一來軍隊才會團結一致。）

給現代人的《孫子兵法》絕招

應培養不過於疏遠，又不過度親暱的提問能力，並嚴格處理違反規定的狀況。

2 按兵不動也是一種勇氣

◆你敢對主管提出異議嗎？

假設有一樣商品，無論觀察現場販售狀況，還是過去的銷售成績，看起來都不會有轉機了，但主管執意要繼續販售。這時你會怎麼做呢？

若你是二十幾歲的年輕員工，當然可以充滿幹勁地繼續努力嘗試。雖然很可能只是在浪費時間和精力，不過多少能學到一些經驗。

但當你已經年過三十，就必須更謹慎行動。最輕鬆的做法就是閉上嘴，乖乖聽從主管指示。反正就算最後賣不好也是主管的責任，最好不要無端生事。

然而，這就表示你對公司來說沒有存在的意義。若整個團隊都抱有相同的想法，就表示團隊能力不足。為了公司的利益，應該要想辦法說服主管重新考慮才對。

再怎麼優秀的主管，都不一定能全盤掌握現場的狀況和數據。**更何況愈糟的消息，通常愈不容易傳到主管耳裡**。常有人說厲害的經營者會積極接收壞消息；但從此話也能看出，職位愈高的人，通常愈難接收到組織內部的資訊，有溝通不良的問題。

因此在下位者，更必須扮演傳達資訊的角色。基於主管所不瞭解的現場資訊，判斷自己是否應該聽從主管的指示。

《孫子兵法》當中，就闡述了**「君命有所不受」**（第八章 九變篇）。身處第一線，將軍面對狀況時必須臨機應變，有時甚至要違背君命。可見對於最重視紀律的軍隊來說，上情下達都並非鐵律了，公司組織之間想必應更有彈性。

而重點在於該如何將實情傳遞給主管。既不能無視主管的指令，也不能因個人的利益或怕麻煩而知情不報。必須以公司、組織的利益作為前提，提出數據等實際情形給主管，並加以說服。

◆寫出所有利弊

根據現場狀況所做出的判斷，不一定永遠是正確的。有時某些決策雖然對眼下狀況不利，但從組織整體以及長遠的角度來看，卻是必要的策略，反之亦然。

那我們到底該如何判斷呢？關於這點，《孫子兵法》中也有十分簡潔又合理的解方，**「是故智者之慮，必雜於利害」**（第八章　九變篇）正是解決之道。凡事皆有利弊。我們必須將利與弊拿出來比較、檢討，再決定如何處理。

雖然這個方法聽起來很理所當然，但實際操作起來卻不容易。成見、慾望、恐懼以及人際關係等情感，總是會蒙蔽我們的雙眼。

就好比在企畫會議上，在大家取得共識後，當下的氛圍就很難讓人再開口檢討企畫的缺點了。若硬踩煞車，不免會被扣上過度保守、唱反調及膽小等帽子。

反之，當大家都反對某項提案時，容易連帶提案中可行的部分也一併否決。這種情形在職場上可說是屢見不鮮。既然如此，不如一開始就預設凡事皆有利弊的立場，盡可能整理出所有可以討論的資訊。在白板中央畫一條直線，就像資產負債表的模式一樣，將利與弊分別寫在左右方。

此時若設下目標，規定自己必須各寫出五項，將更容易理出答案。比起一股腦地逼自己去思考怎麼寫，這種做法能幫助我們更深入地找出問題。這就有點像是從零開始寫一篇論文，與回答填空題之間的差別。

這麼做還能避免我們產生僥倖心理。詳細並具體地列出利弊，有助於訓練思考能力，以免往後發生意料之外的事。

若發生的問題在我們的理解範圍內，我們當然知道該如何處理。

但從東日本大震災時福島第一核電廠所發生的意外就知道，當出現意料之外的狀況，或意料之內卻從未正視的狀況，我們很可能將束手無策。若用條列式的寫法寫出所有利弊就能阻絕這種可能性，何不嘗試看看呢？

此外，寫好利弊項目後，務必要再檢查一遍。**必須再次確認，弊的項目中是否藏有優點；利的項目中是否潛藏問題**。如此一來，我們說不定會發現弱點其實才是最大的賣點，強項反而可能是枷鎖。這也是一種訓練思考的方式，當慢慢累積經驗後，就能從更多元的角度來看事情了。

先經過這段過程，再判斷最佳的方式也不遲。即使某件事的優點多於缺點，一旦缺點太過嚴重，仍必須選擇放棄。判斷的確不是件容易的事，但這麼做至少能盡可能避免突發狀況。

◆負面判斷力的重要性

判斷的過程中，我們更需要著眼在「弊」這一塊。

當我們想提出一個企畫時，往往會把心思放在利上。畢竟本就是為了提升利益而提出企畫，若弊太過明顯，議題自然無法成形。我們常常難以抵抗「變化」、「嶄新」、「突破性」、「打破現狀」這些詞彙；謹慎的看法又容易帶來負面觀感，大家往往不喜歡提及。因此在發表報告時，我們總會先強調企畫的優點。

雖然企畫可能因此過關，但我們也常因此忽略嚴重的問題，反而招致損失。大多數人會認為比起什麼都不做，還是應該挑戰看看。但在此之前，審慎評估風險這道手續仍必不可少。

就像在簽合約時，最重要的不只是把合約從頭到尾看過一遍，而是找出整份合約中最大的風險在哪。

有些合約內容乍看之下有機會持續獲得利潤，但在某些狀況下可能必須支付龐大的費用。因此在檢查合約時，應該把合約中的利弊都確認清楚，看是需要修改條約，還是乾脆不簽約。

相反地，當自己是擬訂合約的一方時，應主動告知對方最大的風險為何，並請對方仔細考慮，這才是最誠實的做法。雖然這麼做可能會影響到自己的利益，但其實吃虧就是占便宜。

我們通常會用成功的案例，來評價古今中外的名將和經營者的優劣。不過其實在成功的背後，他們應該還接收到許多提議和誘惑。但也正因為他們駁回、否決那些提議，才沒落入陷阱，將資源與勞力投注在正確的事物上。

世界知名的投資家華倫．巴菲特就曾說過：**「成功的人與真正的成功人士之間的差別就在於，真正的成功人士幾乎總是在拒絕。」**像巴菲特如此成功的投資家、大富豪，想必會收到許多來自各界的提案，而其中多數的提案都沒被他採納。他成功的祕訣正在於沒投資什麼，而非投資了什麼。

這種負面判斷力應該受到更大的重視，因為這些直覺及冷靜，都是基於長年經驗所累積而得。可見一個領導者的工作，也不僅止於勇於挑戰及激勵下屬。

◆擁有撤退的勇氣

在計畫階段時看似完美絕倫的點子，常常在開始執行後接連出現問題。因為理論與實踐之間難免有落差，這點很難避免。

就像以前日本曾實施過的寬鬆教育。其宗旨在於學習不應侷限於教科書內的知識，而是應該透過各式各樣的體驗，讓學生養成生存的力量。這個想法本身沒有問題，問題在於站在教育第一線的老師無法充分理解其用意。結果導致教育現場混亂，課程與期望相去甚遠，最後徒留散漫。而正如大家所知，這項教育政策最後引來了各界責難。

從這次事件，我們能得到兩個教訓。第一，必須先考慮企畫由誰來實踐與運用。比起個人的資質與能力，更重要的是資訊是否共享，以及大家是否有共識。

第二，就是當計畫出現落差時，應該在哪個階段修改方向。如果可以，最好在正式

啟動前設定一段試用期。徹底找出問題所在，並採取修正、甚至是撤退的措施，避免傷害擴大。這麼一來，即使原本的計畫難以實行，也能儘早發現並解決問題。

不過事業一旦開始，的確很難踩煞車。因為我們會擔心過去所花費的時間與成本付諸流水，並期望繼續撐下去也許會出現轉機。

然而，**這麼做其實只是在拖延問題，沒有人願意負責任**。多數情形下，放置不管只會導致損失愈來愈慘重，諸如此類的例子不勝枚舉。

此時，最重要的是不厭其煩地冷靜檢

視，比較利弊並確認進度。一旦發現弊大於利，就應該有人出來負責，決定事業存廢。下決定的人並不限於高層，也能由第一線人員提出建議。擁有放棄的勇氣，也是商務人士不可或缺的決斷能力之一。

◆商務人士面臨的五個隱藏危機

《孫子兵法》中提及**「故將有五危：必死可殺，必生可虜，忿速可侮，廉潔可辱，愛民可煩；凡此五者，將之過也，用兵之災也。覆軍殺將，必以五危」**（第八章 九變篇），說明將軍不能只有一個面向。

將軍可能面臨五種危險。只擁有殊死勇氣者，勢必將被人所殺；對生存有執念者，則必被俘虜；缺乏耐心者，容易因遭受羞辱而禁不起挑撥；過於廉潔者，無法容忍侮辱，容易踏入陷阱；愛護下屬者，則煩憂源源不絕。擁有這五種問題的將軍在帶領軍隊時，將引來災害。使軍隊滅亡、將軍戰死的原因，勢必為這五項的其中一項。

上述幾種特質乍看之下是名將的模範特質，《孫子兵法》卻有截然不同的看法。這當然並非全盤否定這些特質，而是認為身為將軍，這些特質不應太過鮮明。其實我們從溝通能力的觀點來看，便可看出端倪。

以廉潔這點來說，有時可以解讀為不知變通。當必須率領眾人或與具有利害關係的對象談判時，得具備一定的靈活度。當然，過於來者不拒也可能賠了夫人又折兵。即便是清廉正直的法官，也不能完全依循法律，而是應該以更綜合的觀點來判斷。事實上，這種做法往往更貼近現實。

而從愛民這點來看，太重感情往往也會造成問題。若一個人沒有絕情的一面，就難以做出重要決斷，也無法成為軍隊的榜樣。因此，將軍必須能夠沉著判斷，並於必要時靈活應變，在面對不同的狀況時，轉換為不同的角色。

以我的情況來說，雖然我對學生的關心從未間斷，但我從一開始就會明確告知學生：「我很重視出席率，最多只能缺席三次，超過就會被當掉。而且務必提交期末報告，還必須附上平時課堂上的報告，沒做到也會被當掉。」通常到了學期末的時候，就會有違反上述規定的學生跑來跟我求情，但我從不心軟，只會拍拍他們的肩膀，跟他們說「下學期見」。

要是在此時心軟，學生就無法學到教訓；而我也沒資格當老師，無法給那些努力得到好成績的學生一個交代。因此只能狠下心，當掉沒達到要求的學生了。

重點就是人應該要有多個面向。不能只想當好人，也必須有嚴格的一面。在充滿熱情的同時，必須能夠冷靜地判斷狀況。換言之，應該根據狀況，靈活切換兩個截然不同的角色。

「是故智者之慮，必雜於利害。」

（第八章 九變篇）

（智者會比較、檢討事情的利與弊。）

給現代人的《孫子兵法》絕招

盡可能整理出所有可以討論的資料，並在白板中央畫一條直線。就像資產負債表的模式一樣，將利與弊分別寫在左右方。

3 透過共享資訊與經驗，加深彼此關係

◆想達到真摯，必須有足夠的決心

彼得．杜拉克的《Management：Tasks, Responsibilities, Practices》中提到了一個非常重要的關鍵字——「真摯」。身為上位者、必須率領組織的人，在面對工作和組織時抱有真摯的態度。

所謂的真摯到底是什麼？也許能用「誠實」、「認真」來形容，但語感仍有點不同。真摯這個詞，還包含了一些對於工作、組織的倫理和熱情。

其實《孫子兵法》中的**「故進不求名，退不避罪」**（第十章 地形篇）這句話，正能對這個詞做出精準定義，意指在戰鬥時不謀求自己的功名；敗退時亦不迴避自己的責任。

雖然聽起來很理所當然，但這句話其實還有前言。**「故戰道必勝，主曰無戰，必戰可也；戰道不勝，主曰必戰，無戰可也」**，意指「當發現戰鬥有勝算，即便君王主張不打，仍可堅持一戰；反之，當發現戰鬥沒有勝算，即便君王主張要打，仍可不戰」。而「故進不求名，退不避罪」就是建立在這個基礎上。

若因為個人的利益而違背主管判斷，則勢必失去主管和下屬的信任。也就是說，**一切決定都應以組織的利益為基礎**。只要能保衛人民的生命，無論最後結果是勝利或小敗，都對君王有利。從《孫子兵法》的角度來看，能當下做出正確判斷的人，才是國家最重要的珍寶。

這也可以套用在現代的職場上。若只求誠實與認真，只需聽從主管的指示即可。但無論再怎麼優秀的主管，也不一定瞭解第一線最真實的情況。因此若抱持真摯的態度，即便違背主管的命令，也應擔起責任，找出最好的解方。

◆試著向下屬確認現況

此時，瞭解狀況的能力就非常重要了。從前文提及家喻戶曉的**「知彼知己，百戰不殆」**（第三章 謀攻篇）就可得知，《孫子兵法》十分注重瞭解狀況這件事。是否縝密地收集並分析資訊，將影響最後的勝負。

此外，從**「知天知地，勝乃可全」**（第十章 地形篇）可知，分析的對象不應限於對手與自己，還必須全盤考慮到地形、天候、氣溫、季節等因素。若換成商場來說的話，就是社會局勢、經濟環境、流行趨勢和現場氛圍。

配合現在的時代背景，我們還應該**與現場的所有人員共享認知**。在《孫子兵法》的背景年代，也許只需要領導者瞭解狀況，並對軍隊下指令即可；但以現今的社會組織來說，每個人的職務分配都相當複雜，責任也更重。因此必須像職業足球員一樣，分頭行動的同時，擁有共同的認知與目標，才能完成團隊比賽。

該如何將資訊傳遞給所有成員，則是領導者的工作。即便如此，若事事都手把手教導下屬的話，他們也將難以成長。若養成向下屬詢問狀況的習慣，將能使下屬的成長更加顯著。重點在於要讓下屬回答自己正面臨的狀況，以及他們對於組織整體現狀的看法。

雖然這麼做下屬可能會覺得很麻煩，但既然主管提問了，他們也只能回答。如此一來，就能看出每個人在理解程度上的落差了。由於每個人在組織中所扮演的角色與得到的經驗不同，有落差也在所難免。但若能改善同仁對現狀的認知差異，無論對個人還是組織都會有很大的幫助。

這個方法不僅能用來瞭解大略狀況，也能用來瞭解眼前發生的事情。例如：下屬因為某件事惹惱廠商時，若當下就要求下屬立刻去道歉，並無法達到教育效果。主管該做的是詢問當下的狀況，請下屬說明廠商生氣的原因，並詢問下屬想如何應對。當下屬的回答不妥當時，再教導他正確做法就好。若下屬表示應該親自去道歉，就表示下屬不僅具備瞭解狀況的能力，還具有判斷力。

另一方面，下屬告知主管的管道也非常重要。由於主管不一定瞭解第一線的狀況或商業環境，若在不知最新狀況的情形下做出重大決定，將傷及整個組織。因此，最瞭解現場的下屬就有義務避免這種事情發生，應該告知主管最基本的資訊與變化。

無論工作還是運動賽事，一個人唱獨角戲往往導致慘敗。其中最大的原因便是不夠瞭解狀況。不過只要主管、下屬願意互相彌補彼此的短處，勢必能讓傷害降到最低。

◆在組織中辛苦過後的失敗，等同於勝利

《孫子兵法》中闡述的「勝乃可全」代表能如預期取勝，但也可擴大解釋為「不容易輸」。

商場上，輸有很多原因，但重點在於「怎麼輸的」。

假設某個人犯下嚴重的錯誤卻未被發現，再這樣下去，組織將出現二十分的損失。但若在中途確認狀況時，修正了組織整體的方向，最終能讓損失止於五分，則這種狀況就不能稱為輸，而應該算是加了十五分的勝利。

平時的工作中，很難達到屢戰屢勝。錯誤難免會發生，但重要的是要將其維持在最小限度，至少避免讓錯誤擴大到危及存亡的程度。而只要組織內部互相共享狀況，基本上就能達到這個目標了。

就算輸了，只要能透過團隊合作將傷害控制在最小，肯定會比獲勝時還要令人振

奮。作為一起歷經千辛萬苦的戰友，團隊也會更加團結。所謂的雨過天晴，正是指這樣的狀況吧！

過去我曾為了學生犯的小錯，與同事一同去道歉。這絕非什麼愉快的經驗，但途中與同事討論對策時，我們發現彼此意氣相投，回到學校後都打起了精神。

我也曾經陪同學生去道歉。在路途中聽聞事情原委，並一起道歉後，我們之間也產生了一種團隊意識，回程還去喝了一杯。同處逆境的人更容易產生緊密的關係，更不用說是每天朝夕相處的同事了。

因此，我們應該改變對於勝利的觀念。

比起輕鬆獲勝，苦戰更能增加組織之間的緊密度。即便在結果上是輸的，但事實上也等同於勝利。

◆綽號能加強凝聚力

《孫子兵法》中寫道**「視卒如嬰兒，故可以與之赴深谿」**（第十章 地形篇），意即若將軍待士兵如嬰兒般呵護，當碰上緊要關頭，士兵便願意隨之至危險的深谷。用嬰兒來形容或許有點過頭了，不過組織本來就像是命運共同體。平時就應該培養互信關係，彼此的關係愈緊密愈好。

但這種關係並非一朝一夕能夠養成的，必須透過時間以及經驗的積累，自然而然地培養而成。

話雖如此，其實有個方法能刻意縮短彼此的距離，那就是**「取綽號」**。這方法聽起來也許很可笑，但效果其實十分顯著。

以前在校園及職場中，都常會用綽號來稱呼彼此。小時候，我的班上有一個綽號叫拉麵的男同學。我已經記不得他為何叫作拉麵了，但稱呼他的綽號讓我們之間的感情變得更緊密，他本人似乎也很喜歡這個綽號。我至今仍記得這件事，這顯示綽號的影響非常強烈。

然而，最近取綽號的文化似乎開始沒落了。也許是怕一個不注意，就會有霸凌的疑慮，因此大家都變得有所顧忌。不過，我認為最大的原因，還是在於人際關係日漸淡薄之故。大家應該都有相同的經驗，唯有關係夠親近的朋友，才會以彼此的綽號來稱呼對方。

我之前在大學教英文課，請學生自我介紹時，要求他們必須像美國人一樣，在自我介紹中加入「Call me ◯◯」（請叫我◯◯）的文句。因為即使身處同一個班級，他們仍不清楚所有人的名字，於是我刻意透過綽號將他們綁在一起。

實行這個做法不僅能讓大家更認識彼此，課程氣氛也變得十分熱絡。由於更容易稱呼對方，也能變得更加親近，進而萌生團隊意識。

不過在公司中，要對同事和主管說「Call me ◯◯」確實不太容易。用綽號稱呼同事，說不定還會被控訴職權騷擾或性騷擾。更不用說用綽號稱呼主管了。

但凡是有點年紀的日本人，應該都記得一個非常舒適，卻又充滿力量的部門，那就是受歡迎的日劇——《太陽的微笑之下》中的「七曲警署」。雖然彼此都老大不小了，卻仍會以綽號互相稱呼。

其中年輕的刑警被取了牛仔褲、通心粉等綽號，新人也毫不猶豫地稱呼經驗老道的刑警小山先生、大猩猩先生等。他們並非因為本來感情就很好而互稱綽號，是因為有稱呼彼此綽號的習慣，才讓感情愈來愈堅固。

也許有人會認為，現在早已不是《太陽的微笑之下》的時代。但在人數較少的企畫團隊中，職位較高的人試著用綽號稱呼同事或下屬，應該無傷大雅。若整個團隊都習慣這種模式，勢必能一口氣提升團隊意識和團隊之間的緊密度。

◆對於社畜的建議

公司之中，也有些人毫不在乎團隊意識。對他們來說，工作只是一種賺錢手段，而公司只是提供賺錢機會的地方。因此他們不想要有非必要的交流。

這種人恐怕從未感受過，團體為了同一個目標奮戰時齊心協力和振奮人心的感覺。我們當然不需要和同事過度親密，但既然每天都必須見面，至少希望每次見面都帶有愉快的心情。為此，同事之間勢必得互相幫忙、合作，閒聊等交流也不可少。

當然，有部分人的想法和中日龍前教練落合博滿一樣，認為「選手只要把心力專注在自己身上就好」。但前提是必須有一位能凝聚這些選手，並懂得發揮他們能力的教練。話雖如此，也不代表可以不為團體著想，只靠主管想辦法，整個團隊很鬆散也無所謂。

無論是棒球還是足球，一流的選手都不會在意個人成績。比起自己的成績，他們更希望能獲勝，也更希望能為團隊做出貢獻。這想必是因為他們知道團隊獲勝時的那種喜悅。正因為這個動力，他們更願意付出努力，並不吝於互相幫助，最終成長為一流球員。在運動的世界中，團隊合作是最基礎的戰略。因為團隊共識遠比個人實力更能左右勝敗。然而，公司中部門合作的重要性卻常被忽視。

其中最具代表性的例子，就是「社畜」這個稱呼。明明為了工作拚命努力，把公司的利益擺在第一順位，卻遭受這種揶揄。其實這就與運動場上時常掛在嘴邊的「為團隊犧牲」與「我為人人」道理相同。但為何這些說法用在球隊裡沒問題，卻不能用在公司中呢？我認為在公司之中，也應該策略性地加深員工之間的關係。

「知天知地，勝乃可全。」

（第十章　地形篇）

（分析時，若將地形、天候、氣溫、季節等因素都加入考量，就能如預期地獲勝。）

給現代人的《孫子兵法》絕招

養成向下屬詢問狀況的習慣。

第五章 接下來，隨時準備迎戰

1 挽回劣勢的方法

◆不要總是怪罪運氣和老天

當工作上失敗或沒得到期望的成果時，我們常會認為是因為自己的運氣不好。從轉換心情的角度來說，這也許是個有效的方式。

但《孫子兵法》則否定了這種做法，指出**「故兵有走者、有弛者、有陷者、有崩者、有亂者、有北者；凡此六者，非天地之災，將之過也」**（第十章 地形篇）。斷言軍隊出現如士兵潰逃、軍紀散漫、士氣低落、組織紊亂、潰散而導致失敗時，其原因並非出自天災，而是出自將軍的過錯。

《孫子兵法》中將責任全部歸咎於將軍。明言士兵潰逃只會有一個原因，就是作戰過於魯莽；軍紀散漫是因為第一線的官員（將領）過於怯弱；士氣低落是因為官員態度強硬，導致士兵膽怯。

那個時代的戰爭將天氣視為勝敗關鍵，坦白講就是聽天由命。因此《孫子兵法》認為一切責任歸咎將軍的說法，相當具有突破性。也難怪徹底追求理性的《孫子兵法》會受到世人推崇。

其實看運動賽事，就能瞭解到領導者對組織的重要性。特別是足球，當教練的指示不明確，就會使整個球隊立刻陷入混亂。

當敵方使出出乎意料的作戰方式時，教練也必須儘早找出對應方式，否則將導致軍心大亂。因此，比起球員實力的好壞，教練的責任更加重大。

話雖如此，其實不需以如此負面的角度來看待這件事。若失敗的原因真的在於天災，人類也束手無策，再怎麼抵抗都是枉然；**但若失敗的原因出在人身上，只要把錯誤改正就好**。

好比現在日本的景氣仍持續低迷中，許多人感到十分沮喪，認為工作不順利、沒有加薪都是因為這個原因，但這種想法無法解決任何事。只要住在日本，所有人都會面臨相同的景氣問題。這麼想的話，就不會迷惘了。從實際狀況來說，即便是景氣低迷的現在，仍有不少人獲得成功，因此大家務必將這件事謹記於心。

許多人就算真的身處谷底，仍能保持積極的心態。前日本國家足球隊代表本田圭佑選手也是其中一人。二〇一一年的夏天，他在職業足球隊莫斯科中央陸軍效力時曾受了嚴重的傷。但他後來參與NHK節目《工作的流派》時表示，受傷對他來說很煎熬，卻也是一個轉機。因為在復健的過程中，他也藉此鍛鍊到了其他部位。

一般人遇到這種事，應該會怨天尤人，感嘆自身的不幸。然而，本田圭佑不但將挫折稱為機會，還努力扳回一城。如此堅強的心理素質實在令人深深佩服，簡直是轉禍為福的體現。想必是因為他接受了自己的問題，才能真正找出對應方式。不愧是能在世界的舞台上活躍的一流球員，也擁有一流的意志力。

回顧自身，我們又該如何改變劣勢呢？不妨先試著養成不找藉口的習慣，不將失敗怪罪在環境與他人身上。這同時是作為一名優秀領導者的必要條件。

◆在工作中增加休息時間

在此我想更深度地討論「將帥的錯誤」。

我在大學授課的時候，也感受到了領導者的重要性。教室中的領導者，也就是老師，必須負責引導教室中的氛圍。當教室氣氛沉悶、學生反應遲鈍時，其實與老師的表現大有關係。反之，只要老師多花一些心思，教室的氛圍就會大大改變。而公司中的主管、前輩，或企畫負責人也是如此。

至於如何帶動氛圍，有三個方法：

第一是提振士氣。先從自己做起帶動氣氛，或是用言語鼓舞大家、提出獎勵。

第二是明確提出方向與目標。很多時候正是因為方向與目標不明，才會導致混亂。

第三則是隨時視狀況調整做法，這部分很考驗領導者的能力。若以運動來比喻，就是指教練運用中場休息時間，調整戰術和工作分配，或提出具體的指示。依據當下狀況，有時甚至必須改變最初的方針。若下半場的表現有所改善，就表示教練十分優秀。

對企業組織之間來說，中場休息時間也扮演了很重要的角色。舉例而言，會議上常常發生議題遲遲無法解決的狀況。一般在開會時並不會區分上、下半場，因而難以轉換氛圍。沉浸在懶散的氛圍中，不僅會影響會議，也會感染整個部門。

因此我建議會議主持人可以先中斷會議，為現場注入活力，也可以由與會者督促主持人打破僵局。簡而言之，就是**安排會議版的中場休息時間**。不過光靠精神鼓舞，效果也有限。若想徹底打破現狀，仍需要改變議題的討論方式，或轉換議題方向。

要注意不應以責備的口吻，質疑與會人員太鬆懈或欠缺幹勁。畢竟會議主持人的責任僅止於領導，此時詢問組員「現在的議題是不是太混亂？」、「目標是否不夠明確？」，應該較能獲得共鳴與關注。若順勢尋求改變的提議，說不定會徵得不錯的想法，也能提升向心力。

這種方法不只能運用在開會上。當平時工作時感覺到鬆懈的氛圍，我也建議主管可以召集大家一起解決，並安排中場休息時間。只要指令明確，就算只有一分鐘的休息時間也足夠。

◆坦然承認自己判斷失誤

不過，領導者在中場休息開始前必須承認一件事，那就是自己的判斷有所失誤。以《孫子兵法》的邏輯來說，若領導者的指示與方針準確，組織應該能順利運行。正因無法順利運行，才會需要所謂的中場休息時間，所以這是領導者的責任。但由最近發生的許多案例可以看出，日本的領導者不太願意承認過失。會有如此狀況，想必是因為害怕損傷到威嚴及職涯，或被下屬看不起吧。

然而，這個時代講求「透明度」。愈想隱藏某件事，愈容易招致不信任感。若讓下屬發現你想刻意隱藏自己的失誤，恐怕將失去信賴和人望。

承認判斷失誤並不表示能力及人格有問題，任誰都可能發生。若乾脆了當地承認自己的失誤，並修正方向，這種真摯的態度反而會受到肯定。

我平時接觸的學生，也不太願意承認自己的判斷錯誤，取而代之的是一堆藉口。例如：「因為電車誤點，趕不上考試」、「因為打工太忙，沒時間讀書」等等。

正是因為他們還太年輕，才以為這種藉口能讓大眾接受。所以反過來想，**願意自己承認判斷錯誤，是「轉大人」重要的一步**。更何況日本社會普遍對於懂得道歉與反省的人保持寬容態度。在美國社會，若對爭論中的對象道歉，絕對會陷入不利的境地。正因「不好意思」早已融入日本人的日常對話當中，儘早道歉反而比較有利。

◆從相近領域開始擴大工作範圍

看到上述內容，也許有人會認為自己不是領導者無所謂，或認為自己沒有成長都是主管的錯。但這種想法其實太過輕率了。

正如本書開頭所述，在這個時代，每位商務人士都是自己領域的將軍。而且隨著電腦普及和世界快速變遷，工作的概念也不斷變化。當作業效率提升，剩下的時間就必須拿來處理更多工作，我們也會有更多機會與他人共事。

未來將無法只處理被交付的工作。過去的公司中，有不少十分擅長某項專業，甚至被稱為「〇〇職人」的員工。但那些專業漸漸被電腦取代，現在的員工必須提出更多想法，掌握工作全貌，並懂得與他人團隊合作。

正如大家所說，現在一切講求快速。有時收到工作的洽詢郵件，只是多花個二天調整行程後回信，就會收到「已經找到其他適合人選」的回覆。商場上最頂尖的那群人，想必更需要講求快速。如此一來，更不可能只靠一位領導者處理完所有事情。包括決策等工作，都需要分攤給多人處理。換言之，無論職稱為何，只要身為社會人士，都必須擔上一定的責任，也必須擁有領導者的觀點。

《孫子兵法》彷彿早已預知這個時代的來臨，其中有一段有趣的內容：**「遠形者，勢均，難以挑戰，戰而不利」**（第十章　地形篇），意指當戰場與我軍距離遠，且我軍與敵軍勢均力敵時，就不宜勉強求戰，將對戰事不利。

這對於必須處理多項工作的現代商務人士來說，可說是一道指引。

就算想學會不同領域的工作，也很難真正融會貫通。若是學生，基於興趣而想從頭開始學習固然很好。但出了社會之後，就多了時間以及必須有成效的限制。**因此應該活用工作上學到的經驗，延伸學習其他領域**。也就是說，拓展相關專業領域，而非去學習跨領域的事物。

就像我有一位女學生，她才工作一年左右，就已經把該職位必須花三年才能學會的工作都學會了。她一直很有上進心，工作效率也很高，因此每次做完被交辦的工作後都還剩很多時間。多半的人會選擇放慢腳步慢慢做，她則不然。她會利用多出來的時間，詢問隔壁桌的前輩是否需要幫忙。而且她會以不惹人厭的方式詢問：「我的工作告一個段落了，有什麼事需要我幫忙嗎？」對前輩來說，有這種後輩可說是求之不得，因此也開始慢慢交辦任務給她。僅僅一年內，她就領先同時期進公司的同事，學會了更多工作。未來勢必能得到較高的職位，並被交付責任更重大的工作。

她成功的重點在於，她選擇協助同部門的前輩。畢竟同部門前輩的工作內容與自己的工作領域相近，才能學到更多東西。若她當初去別的部門幫忙，想必無法如此輕鬆地學會那些工作內容，還可能招來前輩與同事的厭惡。此外，不少人在某個業界工作多年後，才升起轉職的念頭。為了應徵不同領域的業界，甚至必須就讀專門學校。這種志向固然了不起，但必須做好付出龐大代價的心理準備。即便轉職成功，仍必須從頭開始累積職涯經驗。就好像要深入敵營一樣，想必得付出許多時間與勞力。更何況過去累積的經驗幾乎派不上用場，等於捨棄了所有寶貴的資源。

其實年輕人握有的最大資源就是時間，而平時是很難察覺的。投資時間的方式，可能會大大改變人生。即便現在很辛苦，但只要持續在相關領域投資、耕耘、累積實力，最終公司將肯定你的能力，工作起來也不會再如此費力，投資報酬率相當高。反之，捨棄過去投資的時間也並非不可；但必須審慎思考，這麼做是否能換來更多的報酬。總而言之，思考時務必要具備成本的概念。

「非天地之災，將之過也。」

（第十章　地形篇）

（軍隊之所以失敗，並非全因天災，而是出自於將軍的過錯。）

給現代人的《孫子兵法》絕招

在會議中設定「中場休息時間」。改變提問方式，或轉換議題、戰略的方向。

2 壓力將增強組織

◆給予壓力是教育的基礎

這是以前我在外縣市舉辦演講時發生的事。那次的演講有點類似公開授課的形式，請了當地的幾位孩子上台朗讀太宰治的《跑吧！美樂絲》。由於觀眾多達數百人，場面相當盛大，因此他們很認真地練習，最後也順利完成朗讀。

但他們的考驗並未結束。照原定計畫，朗讀完之後布幕應該馬上降下，但我臨時出了新的題目給他們。我告訴他們：「難得有機會上台表演，希望大家多多展現自己」並要求他們各自選出自己喜歡的字句，然後加上一些動作表演。

五分鐘後就要表演，他們必須短時間內選出要表演的段落、想動作，然後練習。想當然耳，他們各個都像美樂絲一樣面紅耳赤、表情困窘，但他們已經沒有退路了。最後他們一改困窘的態度，做出了使觀眾入迷的表演。有人面對觀眾，高舉雙手，大喊「萬歲，吾王萬歲！」；也有人喊著「跑吧！美樂絲」，並在台上奔跑。表演結束後，他們都帶著充滿成就感、暢快無比的表情。

這只是一個例子，但我的教育方針就是「給予壓力」。我有很多學生總認為自己辦不到，相當沒自信，但我認為那多半是他們的成見。**人往往在被逼到絕境時，才發現其實自己辦得到**。所以我才會故意出一些難題，並透過這些經驗，讓他們意識到「有時候試過，就會發現自己辦得到」。

《孫子兵法》中則用更極端的方式提倡給予壓力。**「謹養而勿勞，並氣積力；運兵計謀，為不可測。投之無所往，死且不北」**（第十一章　九地篇），意指應注意讓士兵休養，不讓其過度疲勞。使軍隊團結一致，養精蓄銳。在部署己方軍隊時，應使士兵無法推測出目的地，並讓軍隊深入敵營。由於最後身處四面楚歌的狀況，士兵將因此寧死不退。

戰場和教育場域不同，目的在於取勝，因此《孫子兵法》的思想勢必比我更為犀利且理性。不過，若將這個道理運用在商場上，則不必如此嚴格。

◆日本人欠缺積極度

現今日本人最欠缺的就是積極度。

雖然每個人的能力都不錯，卻總是安於現狀，不願向前邁出大步。然而，若想與世界競爭，關鍵就在於是否能突破束縛自己的「繭」。

其中最能表現日本人民族性的，就是日本人對於表演的態度。比起世界各國，日本人應該是最羞於表演的民族。每個日本人在面對上述那種必須以全身動作去表現一個字句的表演，應該都會感到害羞無比。

事實上，在表演的舞台上感到害羞，才更令人不好意思。因為連表演者都忸忸怩，觀眾將更無所適從；相對的，無論表演得再差，只要態度表現得落落大方，終究能獲得掌聲。我平時就會如此教導學生，所以他們都明白這個道理，因此能立刻轉念演出。不過受到這種指導的機會少之又少，因此很少人明白這個道理。

比起日本人，中國、韓國、印度人較不容易感到忸怩。當我對留學生下了同樣的指令後，他們馬上就大方地照辦了。

無論是否願意，事實上日本人就是必須和這樣的世界競爭。因此若想多累積經驗、破繭而出，就必須先如《孫子兵法》所說，將自己置之死地，也就是把自己逼到絕境。

刻意提出不合理的要求也是一種方式。

我常在研討會等場合中使用「嗜好圖」，讓大家討論。正如前面的章節所說，我會準備A4或B4的白紙，請大家自由寫下自己喜歡的事物與興趣。然後再與會場中初次見面的人交換嗜好圖，邊看邊聊，自由發揮。

這是一個非常受歡迎的企畫，無論與會者是什麼業界的人，都能炒熱整個場子。但有時我會刻意中斷大家，並做出以下要求。

「接下來禁止說日文，請用英文溝通。」

當下會場瞬間轉為緊張的氛圍，其實這正是一種給予壓力的方式。

剛開始，有些與會者認為自己不會說英文，因此不知該如何是好。但我會鼓勵他們，並說：「只說『What is this？』也沒關係。突破困境的祕訣，就是不斷向對方提問。」如此一來，即便只會國中程度的英文，也能與人對話。

這麼做以後，會得到一種突破困境的暢快感。只要實際體驗過「做了就知道自己可以」之後，就會變得大膽，這也是一種學習成果。

拿出這種難題考驗學生後，常常能使整個場子變得更加活絡。

◆讓下屬破繭而出，是主管的職責

如何適當給予下屬壓力，相當考驗主管的管理能力。

據說近年來，許多主管為了避免引發職權騷擾的疑慮，對下屬過於寬容。連對下屬提出要求時也一樣，只要下屬回應做不到，主管就會立刻接受，甚至親自處理好事情。

這種主管雖然不會被下屬討厭，但也無法讓下屬成長。最後導致整個組織的心理素質都愈來愈脆弱，陷入惡性循環，無法處理難度高的工作。此時身為主管，勢必無法獲得好評。

人類這種生物，總要被逼到絕境，才會開始認真思考、想辦法。不用感到無奈，這邊提供一個方法——用玩遊戲的方式讓下屬感興趣。

其實心理素質比我們想像中的更容易提升。只要把繭一一打破，就能讓心理素質更健全。**尤其是身處組織之中，更能透過互相幫助，快速變強**。只要這樣想，就能更清楚身為主管的職責。

關於這點，《孫子兵法》中也舉了「吳越同舟」的例子。**「故善用兵者，攜手若使一人，不得已也」**（第十一章 九地篇）。即便平時感情再怎麼差，當陷入絕境時，仍必須團結。有能力的領導者之所以能使整個軍隊團結如一人，正是因為迫於情勢。

換句話說，「給予壓力」並非只是為了組織，也是一種提升主管管理能力的手段。

「謹養而勿勞，並氣積力；運兵計謀，為不可測。投之無所往，死且不北。」

（第十一章　九地篇）

（使軍隊深入敵營，士兵將因四面楚歌而奮起戰鬥、寧死不退。）

給現代人的《孫子兵法》絕招

將下屬、學生逼至絕境，讓他們親身體驗「試了就做得到」的感覺。

3 喚醒「漁夫DNA」吧！

◆審視勞力的資源分配

提到「見機行事」、「見風轉舵」，常讓人聯想到耍小聰明等負面觀感。但其實在我們的日常生活中，確實常會面臨「機會」和「風向」。就如景氣有高有低、市場有熱絡跟冷靜期。單就個人層面來說，我們也會有工作比較忙碌和相對閒暇的時候。

既然如此，我們也應順應起伏，工作才能順利進展。畢竟我們不是機器，老是全力以赴必然會精疲力盡。但總是得過且過也會感到無趣，因此我們應該在看見機會時一鼓作氣、狀況不佳時按兵不動。唯有如此妥善分配資源，才會得到好結果。

這也是《孫子兵法》中再三強調的基礎戰略。除了知名的「風林火山」（第七章 軍爭篇）之外，**「合於利而動，不合於利而止」**（第十一章 九地篇）講述得更直接。

此處的「利」比起利益，其實更接近「勝算」的意思。這段話的前文在講述應該在戰前徹底擾亂、分化敵軍，讓他們無從整頓。藉此確定勝算，再一舉進攻。

現代商場上想必無法如此為所欲為，但仍可以隨機應變。以我的情況舉例，當我的著作《声に出して読みたい日本語》（草思社）成為暢銷書後，我的周遭環境便徹底改變。過去我一直很渴望出書，卻苦無機會。自從出了暢銷書後，許多出版社都來找我寫書。

感受到風向逆轉的我，接受了許多寫書的邀約，也趁著這個機會將過去準備多時的企畫一一提出。因此當時我一年寫了三、四十本書。雖然身體有點吃不消，但在這個過程中我認識了許多人，工作領域也變得寬廣許多。

要是當時的我減緩步調，說不定邀約就會戛然而止，回到以前乏人問津的狀況。

可見《孫子兵法》的教誨也能應用在大學教授的工作上。

◆農耕民族將難以倖存

在我的案例中，由於環境上的變化相當明顯，我也因此得以順應變化。但在商場上，往往較難以察覺到變化。

例如：在經濟蕭條的狀況下，有時操之過急反而會擴大損失。既然如此，不如好好休息、努力學習，以面對往後將發生的種種變化。就算為此做一些投資也無妨，只要最後的效益大於虧損就好。

不過在不景氣的狀況下，許多公司的業績照樣節節攀升。想必是因為具有獨到眼光，而得以看見商機並大獲成功。這也說明了不景氣不見得完全沒有機會。此時最重要的就是判斷力與行動力。就像將船駛向大海並撒網一樣，靠的是一種漁夫的直覺。

一直以來，漁夫都會靠判讀風向和潮水狀況來尋找魚群。若有機會豐收，就拉長工作時間；若漁獲量看起來不多，就換一個漁場；若感覺暴風雨要來臨，就提早回岸上。由於稍有判斷錯誤就可能喪命，讓他們學會了如何冷靜地判斷狀況。而他們靠的正是長年經驗所培養出的直覺。

以漁夫舉例可能很多人無法意會，因為日本人常被形容是農耕民族，也確實具有腳踏實地、慢慢改良的特質。唯一肯定的是，日本人絕非狩獵民族。

不過日本四面環海，其實日本人與海的緣分本來就很深。從日本海鮮的豐富程度來看，便可看出日本是曾與大海搏鬥的民族。從日本全國各地都曾有漁村，以及漁業人口眾多這點，都足以佐證這件事。就連在繩紋遺跡中，都能看到船的蹤影。

這麼說來，我們應該都擁有漁夫的DNA。雖然遭到埋沒，但只要稍加鍛鍊，想必能喚醒這種天性。特別在充滿無力感的現今，我們更需要發揮漁夫的直覺。

景氣好的時候，就算在同一片土地上重複同樣作業，仍能獲得豐收；但以現在的狀況來看，若只是維持現狀，土地只會愈來愈貧瘠。

因此我們應該以「漁夫的後代」為榮，學會判讀風向與潮汐，以及擁有看見機會就

將漁網灑向大海的勇氣。

其實勢頭正好的經營者，多少都有點漁夫的直覺，他們總是不安於現狀、不斷開拓新事業。而這些決定並非一種賭博，是過去的失敗經驗與知識，讓他們知道有勝算，並做好萬全準備，最終獲得成功。即使不是經營者，也應學習這種態度。

◆有些資訊必須靠親身體驗才能獲得

《孫子兵法》中還有**「而愛爵祿百金，不知敵之情者，不仁之至也」**（第十三章 用間篇）這句較為嚴厲的話。

為了讓軍隊遠征，必須耗費龐大的勞力與成本，將軍隊整頓為戰鬥狀態。但若吝於花錢重用間諜以探聽敵情，則是對國民不仁。意指即便在打探上需要耗費勞力與成本，仍應創造對己方軍隊有利的狀況。

我特別希望正在找工作的學生們記住這句話。很多學生都會去看所謂的求職攻略，並把自己想走媒體業、金融業或未來ＩＴ產業很有發展性等話掛在嘴邊。但我很懷疑學生們是否認真調查過各個產業。

最近在面試時，企業都會留時間給學生提問。這當然不是單純自由發揮的時間，而是企業想透過提問來確認學生對該業界、企業的認知，以及學生是否有做功課。

若事前沒做足調查，通常一個問題都想不出來，許多學生都因此吃了苦頭。聽了你的提問後，面試官沒說出「你真瞭解我們公司」的程度，往往很難得到工作。從這個角度來看，其實有許多學生都對自己「不仁」。

這並不只適用在學生身上，對商務人士來說也是如此。你對於首次交易的顧客和廠商、自己業界的動向、經濟情勢、國外局勢等等，究竟有多少瞭解呢？若從未調查過，那這種「不仁」的程度則遠勝過學生。

《孫子兵法》中還提到**「故明君賢將所以動而勝人，成功出於眾者，先知也；先知**

者，不可取於鬼神，不可象於事，不可驗於度；必取於人」（第十三章 用間篇）。意指優秀的君王和將軍，之所以能帶兵獲得勝利，是因為他們預先掌握敵情；而想掌握敵情，不能透過求神問卜，也不能以過去的事件類比，或透過觀測天象得知，唯有透過判斷才可能獲得勝利。這個說法也相當具有《孫子兵法》的風格。

若以現在的話來說，就是**「勤於實際走訪，獲取所需資訊」**。別說是求神問卜，即便媒體和網路上的資訊都不一定足夠。因此應盡可能走訪現場，用自己的五感徹底感受、調查。比起累積再多虛幻的資訊，直接去找「魚群」才是最快的捷徑。

以上，本書將《孫子兵法》中的字句，轉換為可套用於現代的名言。

若想將古籍中的字句轉換為自己的名言，訣竅就在於具體化。書寫或默唸都能讓這些古老的知識更貼近自己。這麼一來，就能套用在日常生活中所發生的狀況上。

即便無法正確引用也無妨。只要想像孫武跟你站在同一陣線，養成戰略性思考的習慣就行。這便是正確使用《孫子兵法》的技巧。

「而愛爵祿百金，不知敵之情者，不仁之至也。」

（第十三章 用間篇）

（若吝於探聽敵情，對國民有欠思慮。）

給現代人的《孫子兵法》絕招

應該勤加收集應徵公司的資訊。

〈作者簡介〉

齋藤孝

1960年出生於日本靜岡縣。自東京大學法學部畢業後，於同校研究所攻讀教育學研究科博士等課程，最後成為明治大學文學部教授。專業為教育學、身體理論、傳播理論。時常以暢銷作家、學者的身分出現在媒體上。執筆包括《邊寫邊思考的大腦整理筆記法》、《職場日語語彙力》、《10秒內言之有物的即答思考法》等多本著作，且著作的總發行量超過一千萬本。同時擔任NHK教育頻道「にほんごであそぼ」的綜合指導。

Interior illustrations by Joe OKADA
First original Japanese edition published by PHP Institute, Inc., Japan.
Traditional Chinese translation rights arranged with PHP Institute, Inc.
through CREEK & RIVER Co., Ltd.

職場平步青雲術！

孫子兵法

出　　版／楓葉社文化事業有限公司
地　　址／新北市板橋區信義路163巷3號10樓
郵政劃撥／19907596　楓書坊文化出版社
網　　址／www.maplebook.com.tw
電　　話／02-2957-6096
傳　　真／02-2957-6435
作　　者／齋藤孝
構　　成／島田栄昭
翻　　譯／李婉寧
責任編輯／邱凱蓉
內文排版／楊亞容
港澳經銷／泛華發行代理有限公司
定　　價／320元
初版日期／2023年7月

國家圖書館出版品預行編目資料

職場平步青雲術！孫子兵法 / 齋藤孝作；李婉寧譯. -- 初版. -- 新北市：楓葉社文化事業有限公司, 2023.07　面；　公分

ISBN 978-986-370-562-8（平裝）

1. 孫子兵法 2. 研究考訂 3. 職場成功法

494.35　　112008336